文学、獣医学、歴史学、社会学、考古学、雑学……。時局に鑑みて紹介する研究・教育活動集

猫と東大。

――猫を愛し、猫に学ぶ

猫カフェが繁盛し、タレント猫が活躍し、SNSでは猫動画が大人気です。世はまぎれもない猫ブーム。

一方で、ハチ公との結びつきが深い東大ですが、学内を見回してみると、実は猫との縁もたくさんあります。そこで、猫に関する研究・教育、猫を愛する構成員、猫にまつわる学内の美術品まで取り揃えて紹介します。

猫も杓子も東大も。大学は大学らしく猫の世界を掘り下げます。

弥生キャンパスにて。

はじめに

須田 礼仁

猫を飼っている愛猫家のみなさま、猫の映像に日々ほっこりしているみなさま、猫を愛するすべてのみなさま、お待たせいたしました。「猫と東大。」がバージョンアップして帰って参りました。

「猫と東大。」は当初、東京大学の広報誌『淡青』二〇一八年九月号として発行されました。広報誌『淡青』は、東京大学と社会とをつなぐメディアの一つとして一九九九年に創刊されました。東京大学のビジョン、新しい社会に向けての議論、最先端の研究成果、活躍する同窓生など、東京大学の様々な側面を発信して来ました。

さて、私事となりますが、二〇一八年四月に東京大学の広報室長を仰せつかりました。まだ慣れない新広報室長に、ある日難しい判断が求められました。『淡青』のテーマを「猫と東大。」にしたいというのです。「猫？」と戸惑う私に、「室長、猫を飼ってますよね。却下なんかしませんよね」と詰め寄る担当者。対案も出せずやむなく受け入れる私。

東京大学の今を伝えてきた、歴史ある『淡青』のテーマが猫とは？　このゆる〜い企画に、総長など大学執行部はどう思うのか？　同窓生や関係者のみなさまにどう受け止められるのか？　不安はひたすらに募ります。そんな私を尻目に、企画は会議を通ります。

退路を断たれた私はやみくもに猫について調べました。動物学の書籍を読み、世界と日本の猫の歴史を調べ、猫が登場する文学作品を読み、「猫の博物館」でネコ科の動物剥製を眺めたり可愛い猫たちと戯れたりしました。猫どうしは「にゃあ」とは鳴かないという事実に愕然とし、数々の小説に描写された尋常ならざる猫への愛に驚嘆しました。こうして一夜漬けで得た猫に関する知識は、「猫と東大。」の編集には結局何の役にも立ちませんでした。

そんな私の無駄な努力とは関係なく、「猫と東大。」は広報課のみなさんの実力により編集され発行されました。そして、私の心配をよそに、「猫と東大。」は多くの方に受け入れられ、大きな反響を呼びました。一般配布用の部数は、『淡青』の歴史で初めて在庫がなくなり、追加部数もすぐに捌けました。入手できなかった方々には、ウェブサイトを紹介して我慢をしていただきました。「増刷はないのか」という質問もいただきましたが、『淡青』は収益を上げる設計ではなく、増刷できませんでした。

しかしこの度、ミネルヴァ書房のご協力を得まして、「猫と東大。」がバージョンアップして戻ってくることになりました。個々の記事は一段と充実させ、『淡青』では紹介しきれなかった、猫と東大のいろいろな話題もたっぷりご紹介いたします。

本書の発行に向けてご尽力いただきました東京大学本部広報のみなさま、各記事にご協力いただいた関係者のみなさま、そして何よりも、猫を愛し、「猫と東大。」を愛していただき、この書籍の発行へと背中を押してくださった読者のみなさまに、深い感謝を申し上げます。

須田礼仁 文

情報理工学系研究科教授
二〇一八年度東京大学広報室長

専門は大規模・高精度のシミュレーションを行うスーパーコンピュータの高速化アルゴリズム。

目次

駒場キャンパスにて。

猫とキャンパス

猫と学問　その2

駒場キャンパスにて

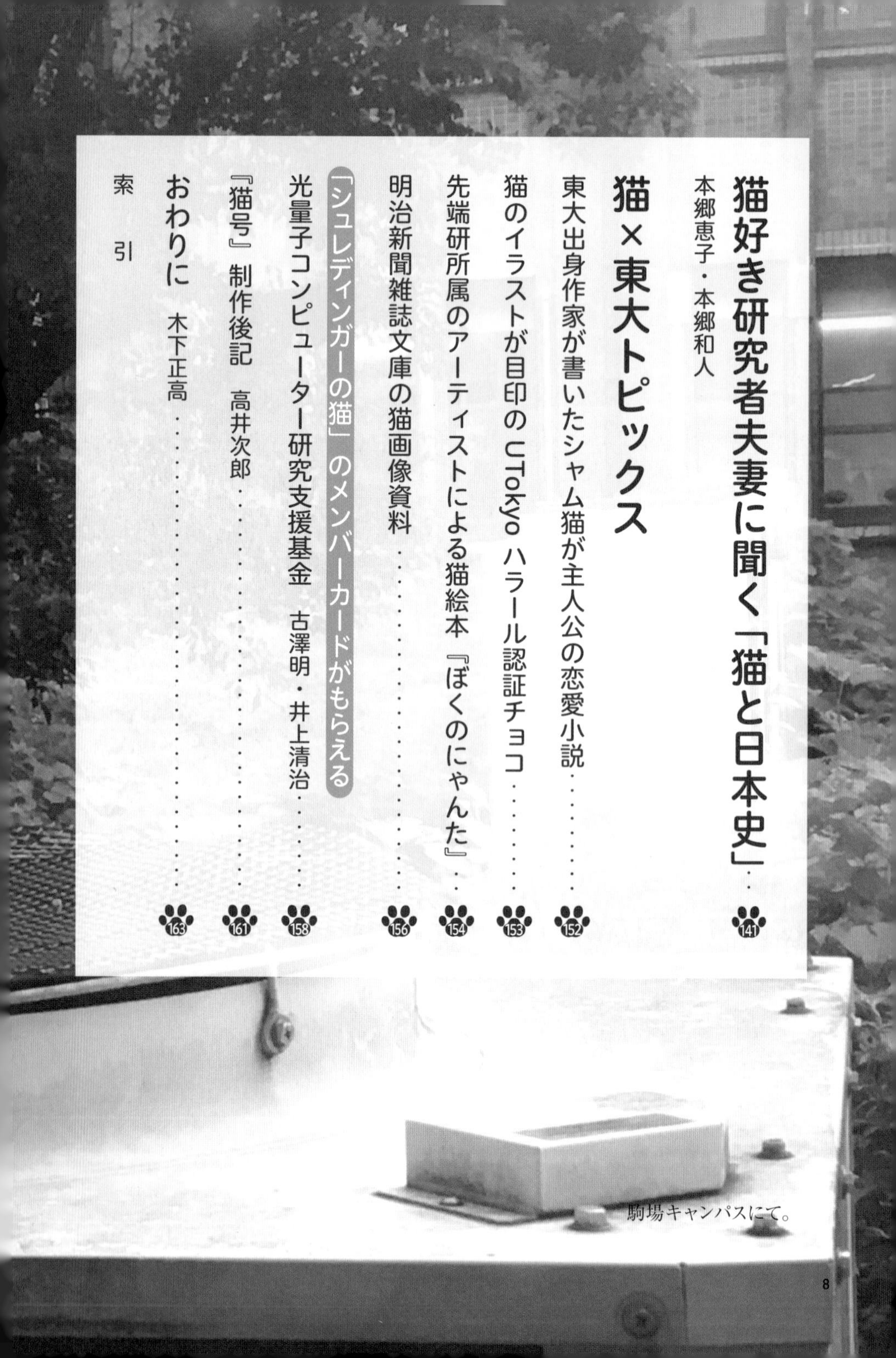

駒場キャンパスにて。

撮影

貝塚純一（Photographer）
1 頁、11 ～ 15 頁、18 頁、25 頁、
27 頁（喫茶ルオー）、79 頁、118 頁

永井久美子（総合文化研究科准教授）
4 ～ 10 頁、33 頁、73 頁、80 ～ 81 頁、151 頁

東京大学の猫たち　I

～駒場2020《ニャオニャオ》～

『淡青』猫号が発行されたのは、2018年（戌年）。その後、2020年（子年）の書籍化までの間に加わった新顔と駒場キャンパスの近況をご紹介します。2018年時点のメンバーについては、79～81頁をご覧ください。

キジトラのフェレ（左）は、チャッピー先輩の後について構内を案内してもらっています。サークルオリエンテーションは、2020年は残念ながら開催が見送られ、7月末まで残されていた新入生勧誘の立て看板は、転倒防止のため伏せられ、水を入れたポリタンクで固定されていました。

コロナ禍に見舞われた2020年は、授業がオンライン化されました。キャンパスに学生が少ないため、普段なら賑やかな場所に猫の姿が見られることも。写真は、1号館の正面に現れた白黒ハチワレのミロ。日中でも教室が静かなのを不思議がっているかのようです。

猫好き4教授座談会

座談会の会場は、猫との縁にめぐまれた本郷の喫茶店の二階。猫の性格や本能、歴史の中の猫、文学における猫、キャンパスにいる猫、国内外の猫事情、職場における猫、さらにはアロマとしての猫……!?

話題は尽きず、笑顔にあふれる座談会となりました。

須田　まずは、ご自身と猫との関係についてご紹介ください。

西村　私は動物医療センターの外科診療科で猫や犬の診療をしています。動物医療センターは弥生キャンパスにある獣医臨床教育用の附属病院で、年間延べ二万頭の診察、約七〇〇件の手術を行っています。今日も先ほどまで診察をしていました。猫の飼い主でもあります。

野崎　私は子どもの頃に犬を飼っていて、犬派でした。古い家の縁の下で猫のミイラを見つけて、猫には怪奇な印象を持っていましたね。でも、転向して猫派です。

夜のノックを機に猫愛が覚醒

須田　転向のきっかけは？

野崎　約三〇年前、一橋大学の古い宿舎に入りました。戸を叩く音がして、開けると誰もいないという夜が続いた後、ある晩に戸を開けたら猫が三匹いました。前の住人が餌付けした野良でした。そこからほだされて、餌係として目覚めた感じです。

その後、妻が保護猫をもらって飼い始め、二〇年同居して、数年前に最期を看取りました。今もペットロス状態です。駒場赴任時、緊張しながら構内を初めて歩いていたら「駒猫」に導かれて八号館に入った、という淡い思い出もあります。たしか、若々しいトラ猫だったような。

本郷　私の実家には猫がいつもいました。結婚後に野良猫を飼い、一七年後に行方不

西村　亮平

農学生命科学研究科教授

専門は獣医外科学。ねこ医学会理事。著書に『何から何までこなさなければならない開業医のための小動物外科診療ガイド』（共著、学窓社、二〇一七年）ほか。

明になって悲しんでいましたが、今年一月に保護猫を譲り受けて飼っています。
東大構内で拾ったこともあります。勤め始めて一年目、道の真ん中で白い猫が呆然としていて。結婚前の夫と一緒に拾い、実家に連れ帰って飼いました。

須田　うちは妻が猫好きで、飼いたいとずっと言われていて、ペットショップで遭遇したソマリに一目惚れして、八年ほど飼っています。この子は膝に乗ってこないし布団にも入ってきません。でも昼寝をしているとくっついてきます。
私の実家は犬を飼っていたせいか、猫には特段の興味はなかったのですが、今ではすっかり猫派になってしまい、休日には日がな撫でまわしています。

野崎　ふと思い出しますが、私の可愛がり方は猫に嫌われていたのかもしれません。抱っこ中にガブッと噛んだりして、仲間の証かと思っていたけど、本当に嫌いで噛んでいたのかも、とか考えちゃう。

西村　抱っこが嫌いな猫は多いですから。

須田　犬は人の様子を見てどう喜ばれるかを考えているように見えますが、猫は違いますね。能力がないんでしょうか。人が猫に合わせることが多い気がする。

西村　頭は犬の方が良いでしょうね。あと、餌を指差すと、他の動物はわかりませんが、犬はわかります。犬と人は特殊な関係にあるんだと思います。

野崎　人間と犬は最初からストレートな関係が成り立ちますね。それは子どもの頃感じた犬の素晴らしさです。猫には意味づけが難しい部分があっていちいちスリリング。対人間の処方箋があるのかな。

野崎　歓

東京大学名誉教授、放送大学教授

専門はフランス文学。著書に『五感で味わうフランス文学』（白水社、二〇〇五年）、『フランス文学と愛』（講談社現代新書、二〇一三年）、『異邦の香り――ネルヴァル『東方紀行』論』（講談社文芸文庫、二〇一九年）ほか。

＊座談会は二〇一八年夏に開かれました。

西村　どの動物でも見つめ合うのは威嚇の印ですが、犬と人は見つめ合えますね。猫を見つめると顔をそらせるでしょ。

野崎　そういえばじっと見つめて「キャン」と妙な声で怒られたことがあります。

須田　うちの子は目を合わせますけどね。甘えたいときや餌をねだるときには、前足をきれいに揃えて座り、まん丸の大きな目でじっと見つめてきます。ソマリは滅多に鳴かない品種なので、本能で目で訴えるのかもしれません。

野崎　犬って成長すると面変わりしますね。でも猫はあまり変わらない気がする。

本郷　犬は歳をとると顔が長くなります。

西村　人間が猫を好む理由の一つがそこにあるようですね。

本郷　あまり成長しないということかな。

西村　成長といえば、ペットを飼うことは子どもの成長に役立ちますね。

野崎　子どもができたとき、猫との相性が心配でした。猫は赤子の近くに置くなという人もいて。でも、実際には猫が赤ん坊をずっと見守っていて感動しました。子どもが遊んでいると少し離れたところに控えて見ていてくれるんですよ。

西村　学生を見守る猫もいるといいかも。

野崎　うちは二〇年間外に出さず室内飼いでしたけど、外で自由に遊ばせればよかったかな、と思うことがあります。多頭飼いのほうが楽しかったのかな、とも。

本郷 恵子
史料編纂所教授

専門は日本中世史。著書に『買い物の日本史』（角川ソフィア文庫、二〇一三年）、『怪しいものたちの中世』（角川選書、二〇一五年）、『院政――天皇と上皇の日本史』（講談社現代新書、二〇一九年）ほか。

座談会が開かれた「喫茶ルオー」の入口に飾られている看板。

須田 礼仁

情報理工学系研究科教授

二〇一八年度東京大学

広報室長

西村　猫は基本的には単独行動です。昔は家と外で行き来するのが普通でしたけど、今は室内飼いで寿命が延びるのは明らか。どちらが猫にとっていいかは難しい。うちの飼い猫を外に出しても、びびって戻ってくるでしょう。

猫はペットとして今や最も数が多いのに、犬などとは異なり〝家畜〟の定義に当てはまらない要素をいくつも持つ、ある意味奇妙な存在でした。家畜はその個体や繁殖が完全に人の管理下にあるものとされますが、これまでの猫たちは勝手気ままに外を出歩くし、繁殖もほとんどの猫が人間の管理外にあるという状況でした。

それが完全室内飼いになり、当然繁殖も完全に人間の管理下となると、本当の〝家畜〟という状況になります。今は猫たちの新たな進化の途中かな、とも思います。

須田　私も実家に犬がいたので、猫を飼うときは心配でした。室内だけで世界が閉じて大丈夫かな、と。でもストレスをためている様子はないですね。

本郷　前に飼っていた猫は自由に外と内を出入りしていました。でも、今飼っている猫は、保護施設のケージ育ちだからなのか、外に出るのを怖がります。

野崎　宿舎時代、海外出張から戻ってきたら、猫がいなくなっていたんです。心配して探したら、他の家でエサを食べて、違う名前で呼ばれていました。屋外猫のたくましさでしたね。

西村　猫は長らくそうやって人間のそばで暮らしてきました。完全室内飼いへの移行は猫の歴史上初の出来事でしょう。

野崎　なるほど、我々は猫の歴史的な大転換点に居合わせているのかも？

西村先生の My Cats

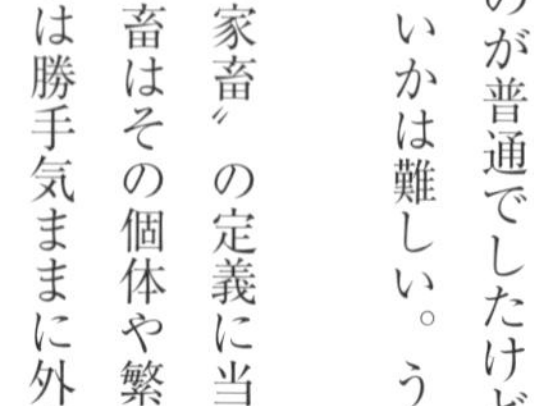

「一茶」（右）と「ミケ」（左）。学外の動物病院で「供血猫」として活躍後に西村家へ。

「小さな野生」が大きな魅力

野崎　猫の野生的な部分は魅力ですが、一時期悩んだのは、本棚の上から飛び降りる遊びを覚え、着地点がパソコン上だったこと。着地後はキーボードで爪研ぎもするし。

西村　あたたかいパソコンに乗るのは織込み済みでしたが、あるとき猫がパソコンを机の下に落としました。そのせいで、学会用に準備した資料が全部ぶっ飛びました。その後一週間は猫と険悪な関係でした。学会直前のデータ全損は痛かった。

須田　人の気を引くためにやりますよね。うちの猫は私がパソコンに向かっていると、普段は行かない本棚の上とかにまで上がって、心配させてくれます。

野崎　人が集中しているのを邪魔したい。仕事を始めようかと机に向かうと、むこうも仕事を始めるんですね、こちらの邪魔をするという。キーボードを叩こうとすると腕に乗ってきたりして。

西村　自分がかまってほしいときだけかまってほしい。それもこちらが忙しいときに。PCで仕事を始めると大体ディスプレイの前に座ってるか寝てるかします。しょうがないので最近大きなディスプレイにして、見えるスペースで仕事してます。

本郷　新聞を読もうとすると、その上に乗ってきて、ごろごろする。新聞紙がガサガサ音をたてるのが楽しいというのもあるんでしょうが。テレビを見ていると、画面の前に座り込んだりもしますよね。

野崎　そんなワイルドさやアナーキーさを痛快に思う自分もいました。そうできない

西村先生の愛猫「ミケ」と「一茶」が映ったカレンダー。
座談会でも話題になりました。

飼い主の代わりにやっていたのかな。

本郷　うちの子は黒猫です。保護猫譲渡会で、ほかにひきとりたいという方がいなかったので、もらいました。最初に飼った猫も真っ黒だったので、黒猫の二代目です。

一般に黒猫と三毛猫は、不人気なのだとか。黒猫が不吉という俗信はともかく、三毛猫は賢すぎて扱いにくいという意見があるそうです。

野崎　うちも黒猫でした。黒猫は頭がいいと聞いたことがあるんですが、科学的にはどうなんでしょうか。

西村　毛色と性格の研究もあるようですが、猫は性格の評価をするのが難しいと思います。たとえば、盲導犬の向き不向きなど、犬のほうが研究が進んでいます。

本郷　犬は役立つから研究もされやすいのね。猫を研究しても役に立たなさそう。

須田　性格がよくてパソコンを破壊しない、とわかれば有益でしょうけど。

野崎　猫には「小さな野生」が欲しい。

西村　犬みたいに従順な猫はちょっとね。

野崎　盲導犬の献身には頭が下がるけど。

本郷　猫も少し見習えと説教しますか。

西村　でも、役に立たないところから本当にすごいものが生まれるかもしれない。

須田　学問にも通じそうな話ですね。

野崎先生の My Cat

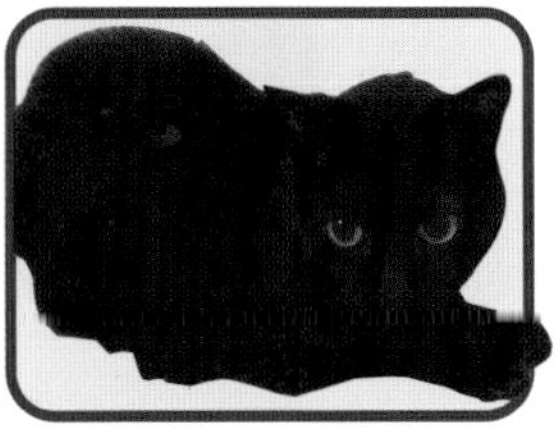

「ココ」。名前の由来は黒い服を得意としたココ・シャネル。

愛玩のために猫に位階を授与

野崎　日本の歴史での猫というのは？

本郷　『枕草子』には一条天皇がかわいがった猫が出てきます。宮中の殿上の間には一定の位階がないと昇れないので猫に五位の位を授けた、と。同じ猫の話は貴族の日記にもあって、藤原道長も出席して猫の誕生祝いをやったそうです。

野崎　愛でるために猫に位を与えるとはすごい。西欧よりはるかに進んでいます。私の知る限り、教会権力が確立されるに従い猫の地位は低下していきました。猫は怠惰や悪徳、欲望の象徴で、美術でも肯定的には描かれていません。日本では猫がそんなふうに扱われていたとは。

本郷　猫又という妖怪の話もありますけどね。

野崎　西欧では猫が魔女と結びつけられて災難にあった歴史もあります。黒猫派としては、エドガー・アラン・ポーの『黒猫』はちょっと許せません。悪印象があの作品で固定された。素晴らしい作家ですが、晩年不幸だったのはひょっとしてそのせいかな。

　平安貴族文化の繁栄は猫とつながっている気がします。役立たずで気まぐれで神秘的な猫が文芸と縁が深いのは当然ですね。

本郷　いい猫のことを唐猫というのは舶来主義でしょうか。藤原定家の日記には、中国から輸入されたインコと麝香猫の話が出てきます。インコは人の名を呼ぶことが

本郷先生の My Cat

「ニャースながと」。夫と子の名の末尾に合わせて「と」で終わる地名を採用。

できるというが、全く鳴かない、麝香猫は普通の猫のような体つきで、顔は細長く、しっぽは虎猫のようだと書いています。どちらもあまり面白くなかったようですね。

野崎　麝香猫っていい匂いがしたのかな。私が飼っていた猫はとてもいい匂いがしたんです。娘盛りの頃、顔を埋めてジャスミンのような匂いを楽しみました。馥郁たる香りが忘れがたく、「猫の香り」（本書二八頁）なんていう題でエッセイも書きました。

西村　……いい匂いは初耳ですね。

須田　季節によるホルモン分泌の変化？　うちは不妊手術したからないのかな。

本郷　嫌な臭いがすることはあったけど。

野崎　それは衝撃です。自分の特異な性癖を露呈してしまった。

須田　野崎先生は猫に近い嗅覚を持っているのかも。香りで猫を診断する「猫ソムリエ」として活躍できますよ。

野崎　参りました（笑）。西欧だと修道院で猫を飼う話があります。かわいがりすぎて執着が生じ、神を忘れるからと、猫と宗教は折り合いが良くなかったようです。

三島由紀夫の『金閣寺』にも、修行中の僧たちが猫を取り合うのを一刀両断する話（＊1）がありますね。猫の魅力には宗教的な裏付けがあるといえるかも。

本郷　役立たないからこそ純な愛がある。

野崎　毛並みの美しさ、官能性がある。

西村　そして香りもある（笑）。

野崎　フランスでは近代以降に室内飼育が広がると、猫の美を詩人が礼賛し、文学が

＊1　禅宗の有名な公案。僧たちが猫で言い争うのを見た和尚は、「この猫について言いたいことがあれば言え。さもなくば猫を斬る」と言いました。僧たちが何も言えなかったので、和尚は鎌で猫を斬りました。その夜帰ってきた高弟は、その話を聞くと黙って頭に草履を載せて部屋を出ていきました。和尚は「彼がいれば猫を救えたろう」と言いました。三島を含む多くの人が問答の解説を試みました。

豊かになりました。ロマン派以降は猫がいないと始まらない。犬を描いた名作はフランスにはあまりないけど猫は美的な対象です。
カトリックには被造物に執着しすぎると神から離れるという思想がある。カトリシズムから自由になり、被造物に愛を注ぐ、という流れを猫から感じます。日本で猫愛が広がるのは江戸以降ですか。

須田　やはり平和になってからでしょう。

西村　浮世絵には猫がよく出てきますが、浮世絵に描かれる猫はみな尾が短い。江戸時代には短尾の猫が流行ったようで。その頃東南アジアから連れてこられて以降のようです。ですから長崎は今でも短尾の猫が多いですね。尾が短いと猫又にならなくて縁起が良いとの説もあります。

本郷　尻尾が長い方が猫らしいけどねえ。

野崎　印象派の画家は浮世絵に影響を受けました。マネの絵では猫同士がアパルトマンの上で恋を語る。その尾はすごく長いですが、浮世絵の猫は短いんですね。

須田　長い尻尾を立てて寄ってくるのがうれしいですよね。逆に尻尾を立てて離れて行くのは「こっちに来て」という意味です。表情や動作は思いと裏腹なこともできますが、尻尾だけは気持ちが素直に現れるみたい。長い尻尾ならなおさらよくわかります。

須田先生の My Cat

「ココア」。名前は毛色から。猫種はアビシニアンの長毛種であるソマリ。

東大キャンパスと猫たち

西村　私は根津在住ですが、この辺はまだ野良猫が多いです。一定時間一定の場所で見張ると実はいます。

野崎　東大のキャンパスにももっと猫がいていいと思うんですが。

本郷　ずいぶん前のことになりますが、構内の野良猫に餌を配っている女性がいましたね。私が夕方近くに木陰を歩いていると、餌がもらえると思うらしく、猫が何匹か寄ってきたりしました。外を歩くときは、ついつい猫が好んで潜んでいそうな茂みとか隙間に寄っていってしまいます。

須田　一九九六年の東大新聞に本郷構内の猫マップが載っていました（＊2）。これを見ると昔は随所にいたようです。

西村　弥生キャンパスにはまだいますよ。

野崎　それなら農学部経由で帰ろうかな。

西村　ふと思うんですが、東大生にも猫型がいたほうがいいですね。役に立たない、でもすごいぞ、という感じの。

本郷　最近の教員には犬型の人が多いかも。言うことをよく聞く従順なタイプが。

西村　猫みたいな教員は務まりませんよ。

野崎　授業なのにいないとかね。とすると、我々は犬型なのか。

西村　反動で猫の自由さに憧れるのかも。

＊2　一九九六年九月一七日付の第一九三四号。弥生門、工学部、安田講堂、医学部附属病院、医学部図書館、山上会館、三四郎池などで撮った四匹の猫写真付地図を掲載。
特に探さなくても猫に会えたことがわかります（本書九〇頁）。

須田　猫型の人も必要ですよね。
西村　全員が同じ方を向いていては危険。
須田　ダイバーシティという意味で、猫的な価値観も持っておくべきですね。
野崎　猫がのんびりできるような町や大学は素敵だと思います。
西村　少し町を汚すくらいで猫を追い出すのは寛容性の乏しい社会だと感じます。
野崎　そういえばブリュッセルがテロで揺れたとき、警察の捜査に連帯してなぜか猫の写真を投稿する動きが広がったんです（＊3）。ツイッターがかわいい猫写真だらけになった。事件解決は多少、猫のお手柄でもありました（笑）。
須田　猫ブームは日本だけじゃないですね。飼育数を見ると、ＥＵでは猫が七五〇〇万頭、犬は六六〇〇万頭。アメリカは猫が九六〇〇万、犬が九〇〇〇万だそうです。
西村　現代人のライフスタイルには猫の方が合っていますから。
野崎　今の子どもは自然との付き合いが少ない。身近に野生を感じさせる存在として、猫の意義が増すのは当然です。

🐾 大学という職場には猫が必要!?

西村　私は日本ペットサミットという団体の会長として、職場で動物を飼おうという提案をしています。動物とともに働き方改革をという話です。

洗濯物かごに入る「ココア」。須田先生お気に入りの可愛いしぐさの一つです。

弥生キャンパスにて。

＊3　二〇一五年一一月に発生した「パリ同時多発テロ事件」の影響で、ベルギーの首都ブリュッセルでは、容疑者の一斉摘発が実施されることとなりました。国防相は市民に対し、ソーシャルメディアへの捜査状況の投稿自粛を要請。公式ツイッターアカウントを通じて「#BrusselsLockdown」（ブリュッセル封鎖）と呼びかけたところ、警察の動きを伝えるツイートではなく、猫の画像が次々に投稿され、捜査の情報は拡散されませんでした。
　翌日、警察当局は山盛りのキャットフードの画像をアップし、市民に感謝の気持ちを伝えました。

野崎　職場に動物がいたら最高ですね。

西村　犬がいると生産性が高まるというデータがあります。ただ、猫はいたずらばかりしてカチンとくるかも。

須田　先日、研究棟で鼠が出たんです。駆除業者を呼びましたが、猫を置くという選択肢もあったなと後から思いました。

本郷　猫がいると鼠がこないですか？

西村　満腹でも動く姿を見れば捕えようとするから、鼠には脅威だと思います。

須田　本を囓る鼠の駆除という建前なら、猫は大学にとって有益では？

本郷　歴史的には鼠除けの猫のお札とかありますね。ただ、まじめに考えると、猫も本を傷つけそう。

西村　猫の爪研ぎのせいで、うちの本はぼろぼろです。

野崎　以前、谷崎潤一郎のことを書こうと全集三〇巻を入手したら、猫が全集で爪を研いでめちゃくちゃに……。谷崎は猫好きだったから、と自分を慰めました。

須田　イギリス首相官邸には昔から猫が鼠捕り隊長として任命されています（＊4）。東大でも雇ったらいいのでは？

西村　総長室で癒し係として飼うとか。

本郷　いっそ、猫を総長にしたら？

野崎　一時的に受験生が増えるか（笑）。

西村　猫の自由さを大学も取り入れられたらいいですよね。

＊4
官邸付近の鼠を捕るのが役目の公務員。一九二四年から一二匹が任に就いてきました。給料は年一〇〇ポンド。現職は茶白のトラ猫・ラリー。（https://www.gov.uk/government/history/10-downing-street）

野崎　平安時代に官位を授けたんだから、猫に賞状を出したらどうかな。研究者の論文を精神的に支えた功績で表彰、とか。

本郷　猫を農学部の研究員にしては？

西村　自由に部局内を移動してエサをもらえると猫は喜ぶでしょうね。

本郷　地域猫ならぬ部局猫ですね。

須田　寛容性や多様性を根付かせるには猫がヒントになりそう。

西村　総長室がダメなら広報室に猫扉を。

須田　広報室に部屋はないんですよ……。

一茶（右）とミケ（左）

撮影協力／喫茶ルオー

赤門近くで一九五二年に画廊喫茶として開店（店名は画家ジョルジュ・ルオーより）。一九七九年に正門前に移転し、現在の姿に。名物は開店時の味を受け継ぐセイロン風カレーライス。入口の猫の看板（一五頁）、猫入りのジオラマ、店内の猫絵画など、近所の芸術家たちによるアート作品がお店を彩っています。

文京区本郷六の一の一四（本郷通り沿い）
電話：〇三（三八一一）一八〇八

馥郁たる香りが、忘れがたく——。
野崎先生が本書二一頁で紹介されていたエッセイです。猫への愛を、心ゆくまでご堪能下さい。

特別掲載・猫の香り

野崎 歓

「カルロス・エレーラ神父には、イエズス会士らしさが感じられないばかりか、宗教家らしいところさえなかった。ずんぐりした短軀、大きな手、広い胸、ヘラクレスのような怪力の持ち主で、恐ろしいまなざしを、うわべだけの優しさで和らげている。……」

ご存知、バルザック『幻滅』の一節。主人公のリュシアンがいよいよ人生に絶望し、あとは自殺するしかないと水際に向かったそのとき、スペイン人神父を自称する怪人物が登場し、彼に声をかける。イエズス会士にも宗教家にも見えないのは当たり前のこと、神父は破獄囚ヴォートランの化けた姿であり、これはヴォートランがバルザック世界随一の美青年リュシアンと運命的出会いを果たすという、有名な場面である。

非力を省みず『幻滅』の新訳を引き受けてしまい、この数か月、共訳者ともども、借金に苦しめられる発明家ダヴィッドにも劣らない苦しみを嘗めてきた。だがここで翻訳愚痴話はやめておこう。とにかく遂に神父姿のヴォートランも登場、物語の終わりは近いのだから。

ただ、話が進展するほどにワープロの力が衰えていくのはどうしたことか。買い換えてたかだか二年ほどしかなっていないのに、変換パワーが激減し、今やほとんど一音節ずつの入力を余儀なくされる悲しさ。なぜそこまでぼろぼろになったか？ 原因は一匹の動物、仕事中の飼い主の机の上、まわりをつねにうろつき、攻撃をしかけてくる小動物の悪さゆえなのだ。

この全身真っ黒なやつ、高いところに上って「どんなもんだ」と睥睨し、しかる後ダーンとそこから落下、着地するのを好む。本棚の上から、ワープロのキーボードの上に爆撃を加えるのを特技と心得ている。しかも飼い主は、自分が机に縛りつけられているうっぷんを、そんな狼藉で小動物が代わりに晴らしてくれているかに感じ、少しも怒らないどころか褒めてやっているほど。その結果あわれワープロはとことん無力化されてしまった。

さすがにこれでは仕事にならないと、飼い主は一念発起、大枚をはたいて美麗パソコンを購入した。ぼろワープロを「ご苦労さん」の一言で追い払い、ペパーミントグリーンのボディも魅惑的な新型機を据える。まずワープロで使ってみると入力のスムーズなこと、まるで奇跡だ。次いでプリンタをつないでみる。そこで惨劇は起きた。本棚の上で虎視眈々と狙う黒い影をつい忘れていた。インストール中に彼女、例の「ダーン」をかましてくれたのである。瞬間、画面はブラックアウト。その後仕事は数日間中断、必死の手当てもむなしく、パソコンは入院してしまった。半月たつが、未だに戻ってきていない……。

野崎歓・青木真紀子（訳）『幻滅（上）――メディア戦記』（バルザック「人間喜劇」セレクション第四巻）（藤原書店、二〇〇〇年）。

というわけで一度暇を出したワープロに詫びを入れて戻ってもらい、ヴォートラン登場のくだりを訳し続ける。叱るどころか、新品のマシンを一撃で葬り去ったちびな野性はやっぱり凄いやと、テクノロジーを退治したその偉業を称賛したい気さえあるのだから、この飼い主はダメだと自分でも思う。件の黒い小猛獣は、こちらがキーボードに伸ばした前腕の上に寝そべり、草原で腹ごなしをする雌ライオンのようなお気に入りのポーズを取ってご満悦である。

ちびと言っても重い。痺れる。それがなにか被虐的喜びにも通じる。河野多恵子氏は谷崎の傑作について、「猫相手に成り立つのは清純な恋愛のみでマゾヒズムは不成立」と論じておられた。だが、猫馬鹿はまさにマゾヒストではないだろうか。結構なお値段の品を壊され、前腕にのしかかられ、それを排除しようとすると手を甘噛みされ、そんな中でバルザックの重厚でしつこい文を訳す男の姿がそれを滑稽に証明していよう。

しかしながら小さな腕二本をこちらの片腕にもたせかけて休んでいる子の首筋に、飼い主はそっと顔をうずめてみる。するとまあ、何という芳香か。何も匂わないときもあるのだが、しかし不思議なことに日によっては、薔薇のような、ヒヤシンスのような、あるいは干し草のような、いずれにせよ可憐、清廉だが確かな魔力を秘めた天然の香水が匂ってくる。体重四キロながら一人前の女性、これぐらいの身だしなみは当然なのだろう。その香りに惹かれ、飼い主は彼女の首筋に歯を立ててそっと噛んでみたりもする……。

ついそんな痴態に耽りつつふと気がつけば、ヴォートランの方も様子が変だ。「親しみよりもはるかに嫌悪を催させる赤銅色の顔」をした恐るべき男、「力士のような足の筋肉」を誇る巨漢が、一転して「猫」になってしまったではないか。

「リュシアンに対しては、神父は明らかに媚び、へつらい、ほとんど猫だった。」修飾語は coquet, caressant, presque chat とある。

caressant はここは辞書に〔古〕としてある「へつらう」かと思うが、また petit chat caressant「じゃれつく子猫」などという用例ものっている。リュシアンの魅力を前にヴォートランがでれでれになるさまを描きつつ、バルザックはそうした観念連合もあって、ついに「力士」を猫に変貌させてしまったのか！

プルーストのシャルリュス男爵が「マルハナバチ」に変貌するシーンをどうしたって思い浮かべながら、考えてみるとリュシアン自身、パリで美貌の女優コラリーに心とろけさせ「猫」になったという記述があった。そのコラリーもまた確か、最初リュシアンを見て「猫」になっていたではないか。バルザックの雄編は、実は人間がそろって猫化する瞬間をとらえる小説だった……。

その珍発見に興奮していると、黒猫がぷいと腕を下りて姿を消した。振り返ってみると、からの皿の前にじっと座っている。ご飯の時間だった。

＊初出　野崎歓「猫の香り」『出版ダイジェスト』（第一七七七号、二〇〇〇年五月一日付）。

東京大学の猫たち　Ⅱ

人と適度な距離感を保ちながら、猫たちもキャンパスで暮らしています。

弥生キャンパスの猫

農学部グラウンド脇にいた猫（2018 年 6 月 18 日）。耳には不妊治療をした跡がありました。しつこく呼んでも冷静に無視を貫きました。

小石川植物園の猫

「小石川植物園」の名で親しまれている東京大学大学院理学系研究科附属植物園。植物学の研究・教育を目的とする東京大学の教育実習施設です。その入口付近にいた２匹（2018 年 7 月 9 日）。休園日で不在の受付係のかわりに出迎えてくれましたが、部外者の不用意な接近を許そうとしない感じは十分伝わりました。受付係というよりも警備員かも？

猫と学問 その1

獣医内科学、動物行動学、医科学、獣医病理学、ゲノム遺伝子学、ソフトロボット学、応用獣医学、獣医外科学の視点から、東京大学の研究・教育活動を紹介します。

駒場キャンパスにて。

病院と研究科が一体となって進む 動物医療と研究・教育

辻本 元

弥生キャンパスにある「東大の動物病院」こと動物医療センターでは、大学院研究科との相互連環による動物診療と獣医学教育が行われてきました。

獣医内科学教室の主任教授で元センター長の辻本先生に、センターと、センターとの相互連環で進む研究の一端について聞きました。

一八八一年に開設され、ドイツから来たヤンソン博士の指導のもと、日本の獣医臨床教育の黎明期を支えた駒場農学校家畜病院。その流れを汲むのが、農学生命科学研究科附属動物医療センターです。

猫には猫の診察を

元センター長の辻本先生によると、獣医学の領域では、昔は牛も馬も犬も猫も一括りでした。家畜とペットでは飼う目的が違うため、しだいに「大動物」と「小動物」とに分かれましたが、後者では歴史的に犬の診療が主で、猫はおまけのような扱いだったそうです。

「でも、猫は小さい犬ではありませんよね。身体も性格も病気も違います。近年になって猫の診療を犬と分けるべきだという考え方が世界に広がり、日本でも二〇一八年に『猫の診療指針』という獣医向けの本が出ました。猫には猫の診療を、というわけです」。
センターは、農学生命科学研究科の獣医学専攻と密に連携し、スタッフの多くが兼任する形で運営されてきました。十数年前からはセンター独自でもスタッフを雇用するようになり、現在では二〇人を超える特任教員が診療業務にあたっています。センターでの臨床データは獣医学研究の貴重な素材となり、研究から生まれた知見はセンターでの診療にフィードバックされます。診療件数は年一万四〇〇〇件超で、日本の大学の附属動物病院としては最多。全ての患畜が町の獣医さんの紹介で来院する二次医療機関であり、診断・治療の難しい重症例が多いのが特徴です。

「確実な診断のために検査費用が高額になったり、診断が下っても回復が難しい病気も多いため、飼い主との十分なコミュニケーションが必要となります。きちんと診断して適切な選択肢を示し、動物と飼い主にとってベストの方向性を選んでいただくのが私たちの役目だと考えています」。

センターでは内科系診療科、研究科では獣医内科学教室を率いている辻本先生は、猫のリンパ腫に関するスペシャリスト。血液中の白血球の一つであるリンパ球ががん化する病気です。猫では胃腸や鼻腔にできることが多く、とくに後者では腫れによって呼吸が苦しくなったり、眼球が圧迫されたりして、猫も飼い主も非常に苦しい状態に陥ります。かつて主流だったウイルス性の猫のリンパ腫は室内飼育の一般化やワクチンの実用化などでだいぶ減りましたが、かわりに増えているのは非ウイルス性のリンパ腫です。

辻本 元
農学生命科学研究科教授
専門は獣医内科学。ねこ医学会（JSFM）理事。著書に『犬と猫の治療ガイド 二〇一五——私はこうしている』（共著、インターズー、二〇一五年）ほか。

センターでの診療の様子。猫の症例のお腹の中を超音波診断装置で調べています。

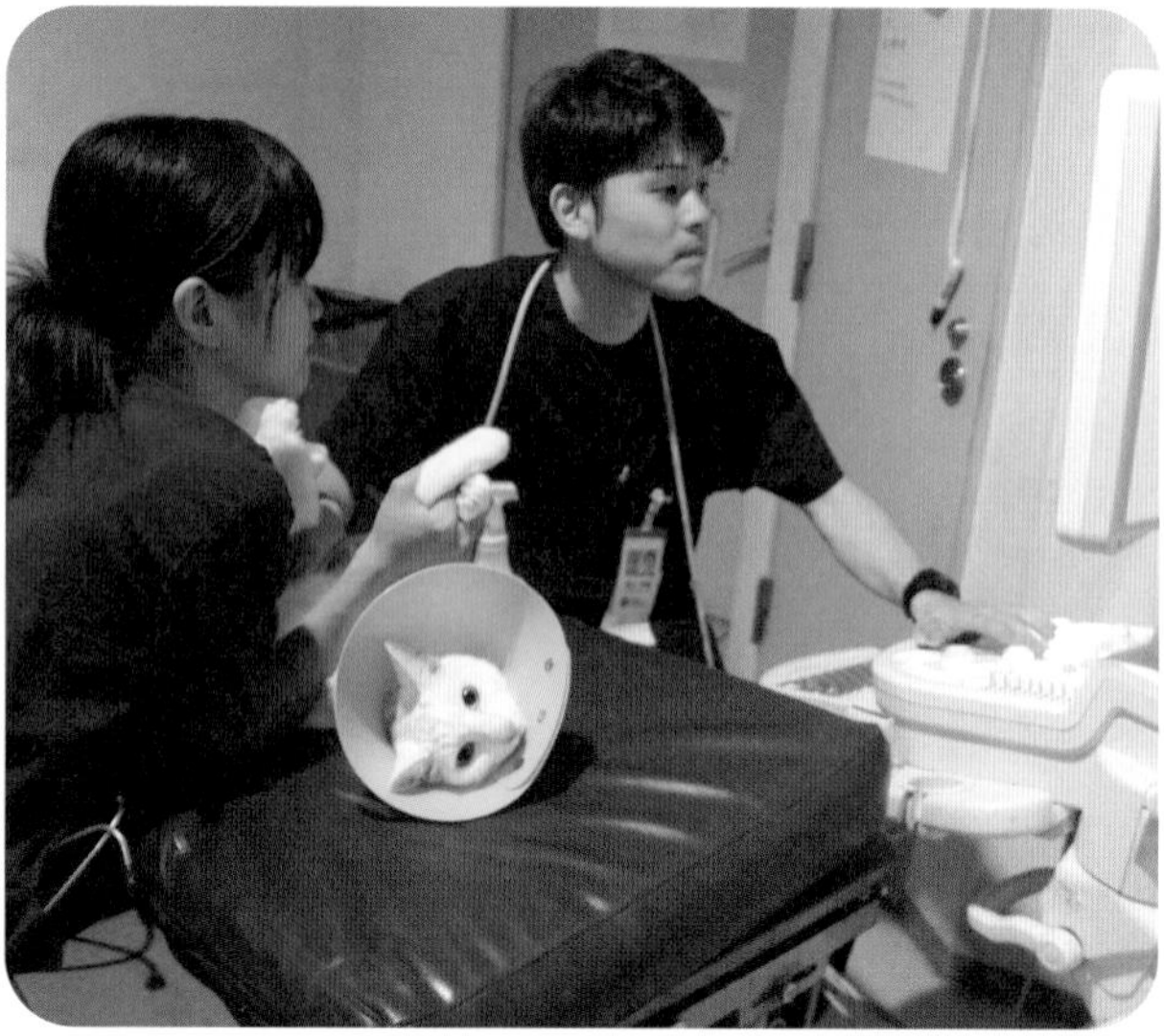

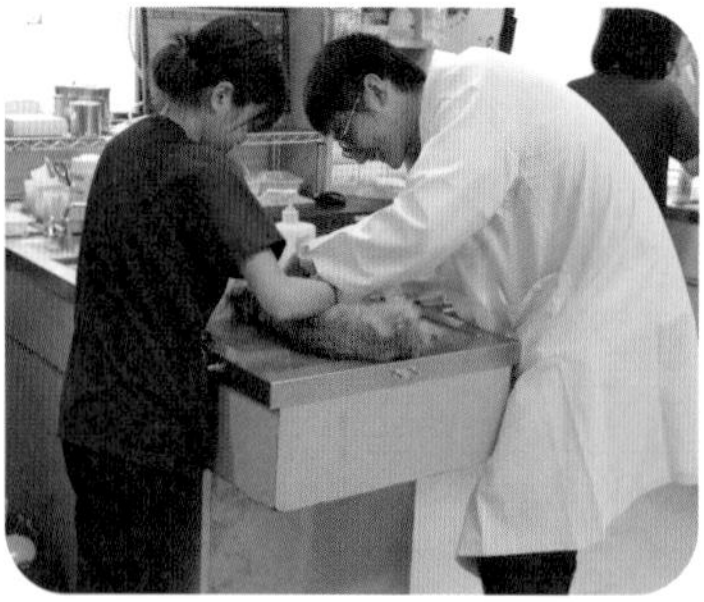

獣医学専攻の大学院生も現場を手伝いながら学んでいます。

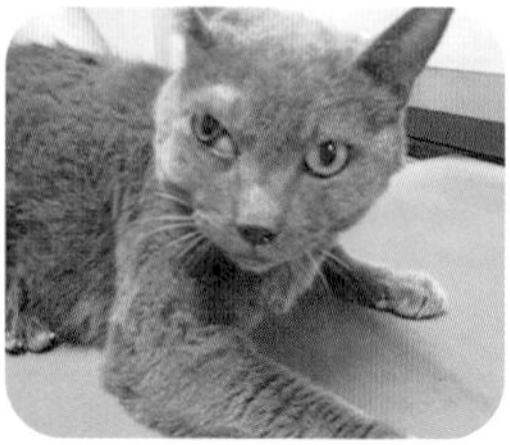

センターに受診し鼻腔リンパ腫と診断された猫。右の鼻腔内に腫瘤があり、右目の瞬膜が出ています。鼻からの息使いが苦しそうでした。

動物医療センターの入口では見事なカイゼル髭のヤンソン博士像が動物と獣医師たちを見守っています。

精度の高い診断を実現

「病型の変化は、猫の診療の進化で寿命が延び、高齢の個体が増えた結果だと考えられます。幸い、非ウイルス性の鼻腔リンパ腫では、放射線治療でしばしば長期寛解が得られるようになってきました」。

現在、センターと辻本先生が力を入れているのは、ＰＣＲ（Polymerase Chain Reaction〔ポリメラーゼ連鎖反応〕）クローン性検査の活用。ごく微量のＤＮＡをサーマルサイクラーという装置にかけて一〇〇万倍まで増幅させて解析することで、動物に負担をかけることなしに精度の高い診断を実現するものです。

「この遺伝子検査を受け付けている動物用の検査ラボは日本でまだ五か所ほどですが、当センターはその一つ。現在はリンパ腫の診断が主ですが、センターの病理・遺伝子診断部の研究を発展させ、他の病気の診断にも遺伝子検査を広げていきたいと思っています」。

臨床において認められる病気の本態を見つめ、症例および飼い主と真剣に対応する。ヤンソン博士の薫陶を受けた勝島仙之助教授が一八九三年に開設した獣医内科学教室。第七代教授の辻本先生が一二五年の時を越えて引き継いでいるのは、もちろん髭だけではありません。

研究室のPCRサーマルサイクラー。メーカーのタカラバイオは宝酒造のグループ会社です。

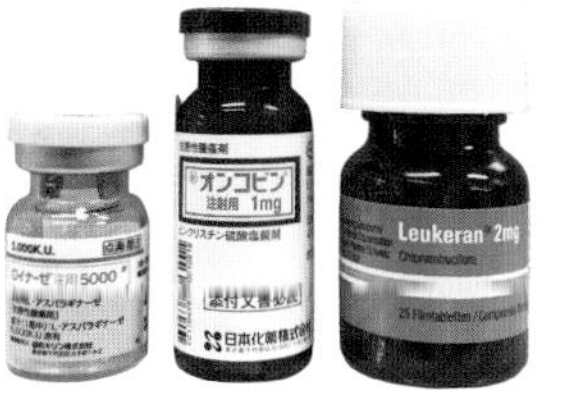

猫のリンパ腫治療に用いられる抗がん剤。

辻本先生の My Cat

愛知県の実家で生まれた子猫二匹を東京に連れてきて「アトム」と「ウラン」と名付けました。

写真は「ウラン」で、二〇一五年に一九年の生涯を終えました。

猫と動物行動学

ペットの声を聴く行動診療で
人と動物をよりなかよしに

武内 ゆかり

東大の動物病院には、内科や外科のほかに行動診療科という科があります。ペットの問題行動に悩む飼い主の話を聞き、話ができない動物の声を想像して解決策を探る現場です。

動物行動学の専門家たちは、動物と話せるようになるという「魔法の指環」を探しているのです。

武内先生は、農学生命科学研究科の獣医動物行動学研究室を率いる一方、附属動物医療センターの行動診療科で問題行動を起こすペットの診療に携わっています。行動診療科とはあまり聞き慣れませんが、たとえば猫の問題行動とはどんなものなのでしょうか。

「噛みつきや引っ掻きなどの攻撃行動のほか、多いのは排泄のトラブル。基本的には猫砂があればそこにしますが、そうしなくなる猫もいます。嫌いな猫砂に変わったとか、外を野猫が通ったのが見えて怖いとか、多頭飼いで他の猫が使った砂が気に入らないとか、理由は様々。飼い主が記入した九枚の質問票と、一回二時間程度かける面談などでその理由を探り、解決策を提案します」。

コンサルテーションの重要さ

室内飼いが増え、人と動物の関係性がより重要になった現在、問題行動に悩む飼い主には頼みの綱となる行動診療科ですが、日本では数が少なく、大学の動物病院にあるのは東大を含めて現在は二例だけ。そもそも日本の猫の飼い主は欧米ほど頻繁には動物病院に行かず、我慢すればすみそうなことは我慢しがちです。

「ただ、以前、飼い主の話を聞いて猫砂を置く位置を変えるようアドバイスしたら覿面《てきめん》に問題が解決して喜ばれたことがあり、コンサルテーションの重要さを実感しました。いつも近くにいる飼い主には当然すぎて見えなくても第三者には見えることがあるんだな、と」。

より多くの飼い主が動物と仲良くなれるように

小学生の頃にマルチーズに噛まれたのを機に、動物の心がわかる獣医になろうと決めた武内先生は、獣医動物行動学研究室の助教授時代に行動診療の潮流を知ろうと米国に留学。帰国後の二〇〇〇年、研究室の森裕司教授とともに日本獣医動物行動研究会を立ち上げ、行動診療の普及に努めてきました。その甲斐もあって、獣医教育の必修カリキュラムに動物行動学が加わり、二〇一三年には研究会の行動診療認定医制度も開始。森先生の後を継いで会長を務める武内先生は、しかし、自分のような存在を増やしたいわけではない、といいます。

「大学の動物病院のような特別な場にいる行動診療医よりも、行動診療のことも理解する町の獣医さんが増えることを願っています。そのほうが、より多くの飼い主が

武内ゆかり

農学生命科学研究科教授

専門は獣医動物行動学。日本獣医動物行動研究会会長。著書に『動物行動学』（共著、インターズー、二〇一一年）、『臨床行動学』（共著、インターズー、二〇一三年）、『イヌとネコのふしぎ一〇一』（写真・福田豊文、偕成社 二〇一六年）ほか。

動物と仲良くなれると思うので」。

　動物行動学の世界では、はめれば動物と話せるという指環の話が知られています。研究室のロゴマークには、この指環をはめたソロモン王と動物たちが描かれています。作者は二〇一四年にこの世を去った森先生。その魂は、指環探しの航海を続ける研究室という船のあちこちに今も息づいています。

森先生による猫の行動診療事例解説
（出典：『ソロモン王の指環を探して 森裕司先生追悼画集』）。

伝説の指環をモチーフにした獣医動物行動学研究室のロゴマーク。

教えて武内先生
ネコの行動 Q&A

毛布をもみもみするのはなぜ？

子猫の頃にお乳を出そうと母親の乳房をもんでいたことを毛布の感触から思い出しているようです。リラックスの証といえます。

夜中に大運動会をするのはなぜ？

ネズミなどは夜行性ですが、猫は薄明薄暮性（日の出と夕暮れの頃に活動）。時計でなく明るさで判断するので、室内では消灯後の夜中に動き始める性質があります。

ごはんに砂をかける仕草をするのは気に入らないから？

自分の排泄物を隠すのと同じで、においで敵に見つからないように隠していた名残です。

ごはんが気に入らないからではありません。

散歩させなくても太らない？

猫は基本的に満腹になると食べるのをやめます。犬のように食いだめをしないので、散歩に行かなくても普通は太りません。ただし、室内だけで飼育している場合は、運動不足になりがちなので、十分に遊んであげましょう。

小さい箱に入りたがるのはなぜ？

安心したいから。木のうろや草の茂みで眠った祖先の名残。体が柔らかいので狭いところにいても窮屈には感じないのでしょう。

武内先生の My Cat

アメリカ留学時に保護施設から引き取った「ユッナ」。
体重七キログラムの「アメリカおばさん」に成長し、PCに向かう武内先生を邪魔していたそう。

猫と医科学①

異分野の発想で進んだ特効薬開発
「AIM」でネコの寿命が二倍に!?

宮崎 徹

日本では一〇〇〇万頭近いネコが飼われていますが、実はその多くが腎臓病で亡くなっています。

宮崎先生は、血液中に存在するAIMという遺伝子を二〇年前に発見して以来、このタンパク質の研究に打ち込んできました。

その過程でAIMが腎臓の働きを改善することがわかり、ネコの寿命を大きく延ばす可能性のある薬の開発に取り組んでいます。

一九八六年に東京大学医学部を卒業した宮崎先生は、東京都小平市の病院で働いていた研修医時代、ふと手にした専門誌で、当時日本で初めて遺伝子組み替えマウスを作った熊本大学の山村研一先生のことを知り、「とにかくこの先生のところに勉強しに行くしかない」と思い立ちます。

その後、免疫学の研究をさらに深めるため、フランスとスイスに留学しました。スイスでは、名門バーゼル免疫学研究所で新しい遺伝子を発見。細胞を用いた実験で、白血球の一種であるマクロファージを死ににくくする働きがあることを確認し、apoptosis inhibitor of macrophage の頭文字を取って、自らAIMと名付けました。

たまたますれ違った教授の話がヒントに

血液中にたくさん存在し、団子状の形をした部分が三つ連なったような複雑な構造をするAIMですが、体内での機能を突き止めたのはテキサス大学での研究生活中でした。それまで、ＡＩＭが実際に身体で何をしているのか、どんなに調べても分からず、六年間全くデータが出ず苦労していましたが、学内でたまたますれ違って話をした教授に大きなヒントをもらいます。

その教授はジョセフ・ゴールドシュタイン博士。一九八五年にノーベル生理学・医学賞を受賞したコレステロール代謝学の権威です。博士の言葉をきっかけに、ＡＩＭがないマウスを作って太らせてみたところ、ＡＩＭを持つ太ったマウスに比べ、肥満や脂肪肝が悪化しやすいことがわかったのです。

「（マウスを太らせるなんて）免疫学の研究者なら全然考えないことなので、そんなバカなとは思いましたが、何もわからないので苦し紛れにやってみました。それがＡＩＭの機能の解明につながりました」。

この時、病気を知るためには学問の壁を取り払うことの必要性を痛感したと話します。「免疫学のエリートコースを歩んできているのに、免疫の細胞が作っているタンパク質の機能一つですら、免疫学の知識だけではわからないということにすごく衝撃を受けました」。

ＡＩＭは問題の箇所を知らせる「タグ」

二〇〇六年に東大に復帰してからは、ＡＩＭを中心にどんな病気も研究するよう方向を変換し、肥満や肝がん、腹膜炎など多くの病気をＡＩＭが治癒させ得ることを示

宮崎 徹
医学系研究科教授

専門は疾患病態医科学。内科臨床医から免疫学者となり、ＡＩＭを発見以来、様々な難治疾患を、体から発生するゴミの蓄積によって起こるものとして統一的にとらえ、ＡＩＭによる治療法の開発を進めています。

す論文を次々と発表しました。そして二〇一六年、ネコの腎臓病へのＡＩＭの関与を明らかにした論文をNature Medicine誌に掲載。腎臓病は尿の通り道に死んだ細胞が溜まって行き最終的に「トイレの排水管が詰まる」ようになって腎臓が壊れるという病気ですが、ＡＩＭはそのトイレの詰まりを解消してくれるような働きをすると話します。

「体の中に死んだ細胞などゴミがあると知ると、血液中から問題の箇所に行って、ここにあります、と知らせるタグのようなものです。ＡＩＭそのものが問題の細胞やゴミを溶かすわけではなく、ＡＩＭを目印に、マクロファージなどのほかの細胞がやってきて食べてくれます」。二〇一五年ごろ、獣医の友人と酒を飲み、ＡＩＭと腎臓病の関係について話をしたところ、非常に興奮されました。ネコの多くは、五歳ごろ腎障害を起こし、腎不全で一五歳ごろに亡くなるというのです。ネコのＡＩＭは人間のものとはアミノ酸の配列が微妙に違い、遺伝的に働かないようにできていました。この特徴はトラやライオンなどネコ科の他の動物にも共通していて、逆にイヌやネズミのＡＩＭはきちんと働くと宮崎先生は説明します。

ＡＩＭがネコの治療薬になると考えた宮崎先生は、二〇一七年秋にベンチャー企業を設立しました。現在、マウスの細胞からＡＩＭを培養細胞で大量産生し、精製する研究を進めており、来年にもネコを使った治験を開始、二〇二二年までの商品化を目指しています。

予防的に注射として投与するほか、腎機能の低下したネコにも健康状態の維持に効

What's AIM？

A apoptosis
I inhibitor
M macrophage

ＡＩＭは「マクロファージのアポトーシスを抑制するもの」です。

apoptosisは「離れて落ちる、脱落する」という意味のギリシャ語に由来する語で、プログラムされた細胞死という意味で使われています。

inhibitorは「抑制するもの」。

macrophageは体内に入った異物を捕食・消化する機能を持つ白血球の一種。

果が見込め、寿命が一五歳から三〇歳に延びることも不可能ではないと宮崎先生は話します。明らかな副作用は今のところ見つかっていません。もちろん、投与したＡＩＭに対して抗体ができて、ＡＩＭが効きにくくなる可能性は理論的にはありますが、今のところそのようなことは確認されていません。

将来的にはＡＩＭを人間の治療にも

宮崎先生は、自身もネコが好きですが、何よりオーナーたちから寄せられる熱い期待に応えたいと話します。また、研修医時代に不治の病で亡くした大事な友人も大のネコ好きだったと振り返ります。

「その人のことがネコを救わないといけなくなった因縁の一つかなと思っています。まさかネコに関わるようになるとは思いもしなかったので。ただ、現実に治らない病気で亡くなる人を多く経験しているので、最終的にＡＩＭをヒトの治療に持っていきたいという強い思いがありますね。それが今の研究を支えている最大のモチベーションです」。

昨年、ＡＩＭ創薬のために、日本医療研究開発機構（ＡＭＥＤ）からＬＥＡＰという大型研究費の五年間にわたる支給が決定しました。ＡＩＭのヒト疾患に対する創薬開発にもさらに拍車がかかることが期待されています。

ＡＩＭはシステイン（アミノ酸の一種）を多く有するＳＲＣＲというドメインを三つ持つ、約四〇kDaの血中タンパク質です。通常血中では、巨大なIgM（免疫グロブリンM）五量体に結合して存在しており、尿中には移行しません。

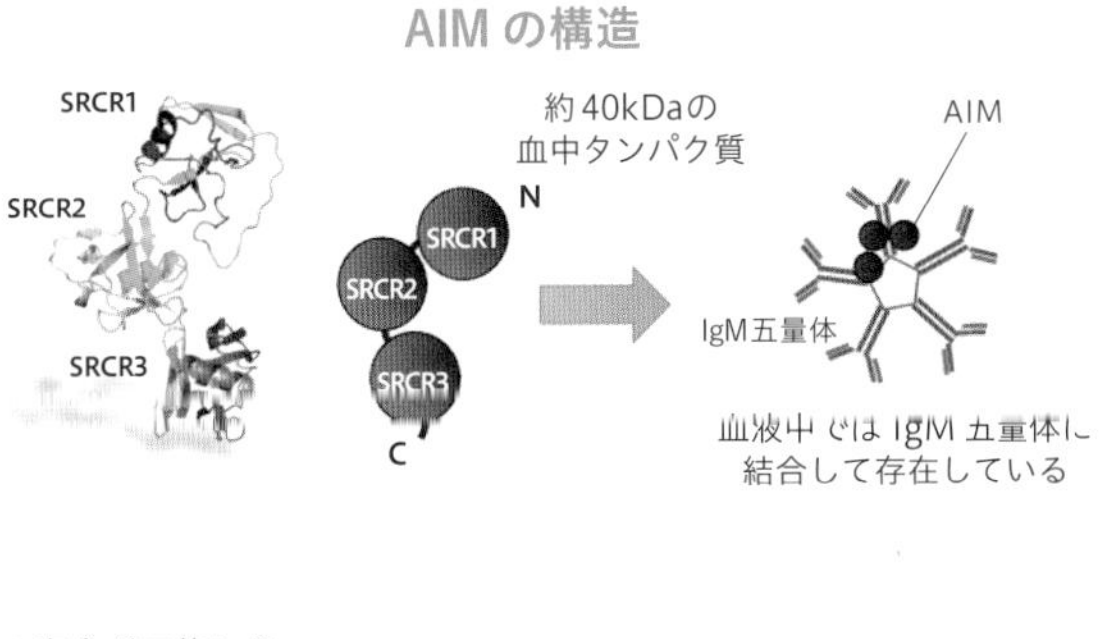

ヒト・マウスとネコの AIM の違い

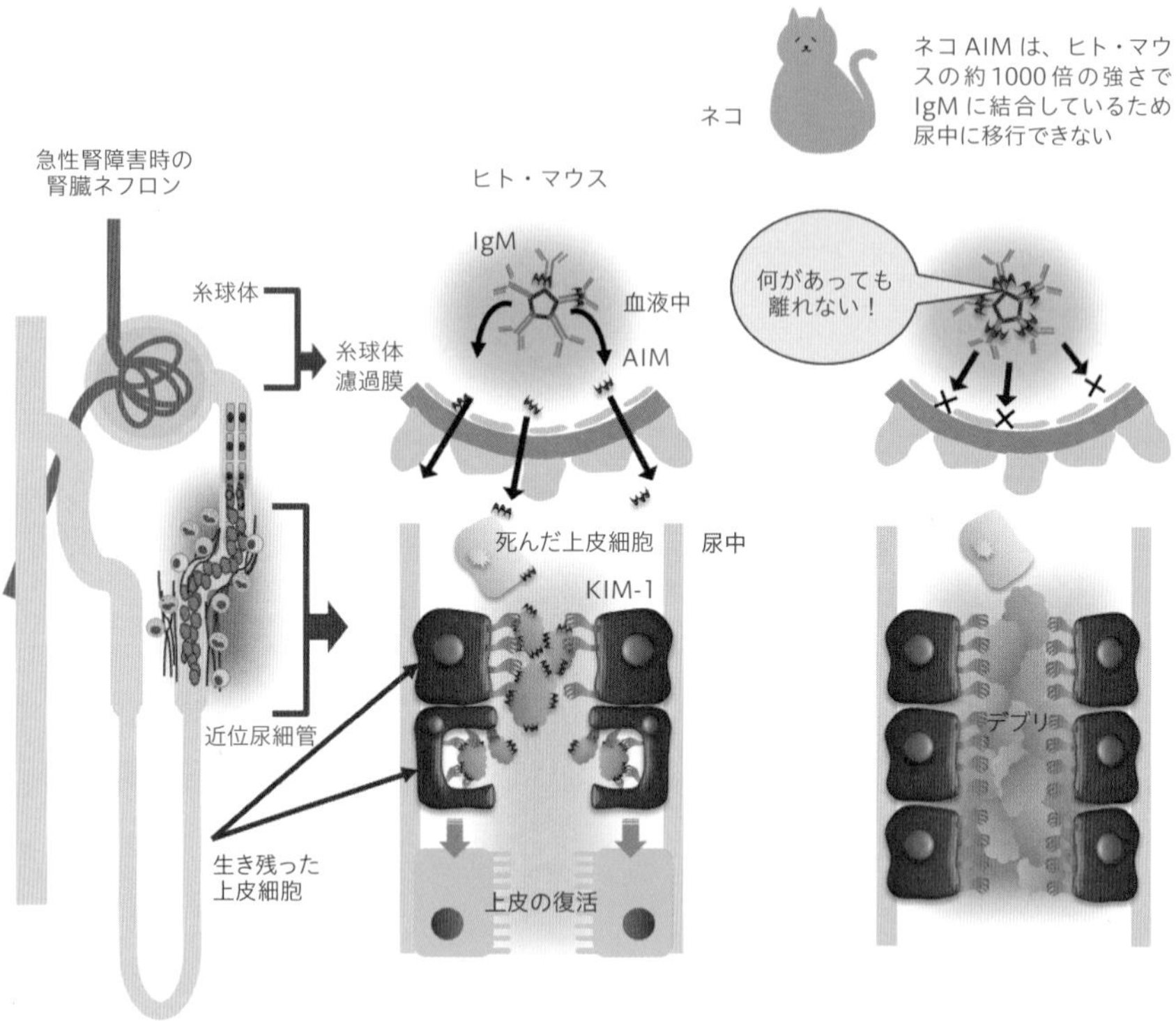

腎障害時、ヒトやマウスでは左図で示したように、IgM 五量体を離れた AIM が血中から尿中に移行し、尿細管を閉塞した死細胞に蓄積する。これが目印となって、死細胞は生き残った上皮細胞により貪食され掃除される。その結果、閉塞は改善し、腎障害は治癒する。

しかしネコでは、ネコ AIM が IgM に非常に強力に結合していて離れないため、尿中に移行することができず、死細胞に蓄積できない。したがって、生き残った上皮細胞は死細胞を掃除できず、閉塞は改善されず、腎機能は悪化する。

ピアノや指揮を学び、無類のクラシック音楽好きの宮崎先生。研究室には指揮者カラヤンの写真や、世界的なピアニストのクリスティアン・ツィマーマンを東大に招いて演奏会と討論会をした時の写真が。

死細胞に集積したAIM

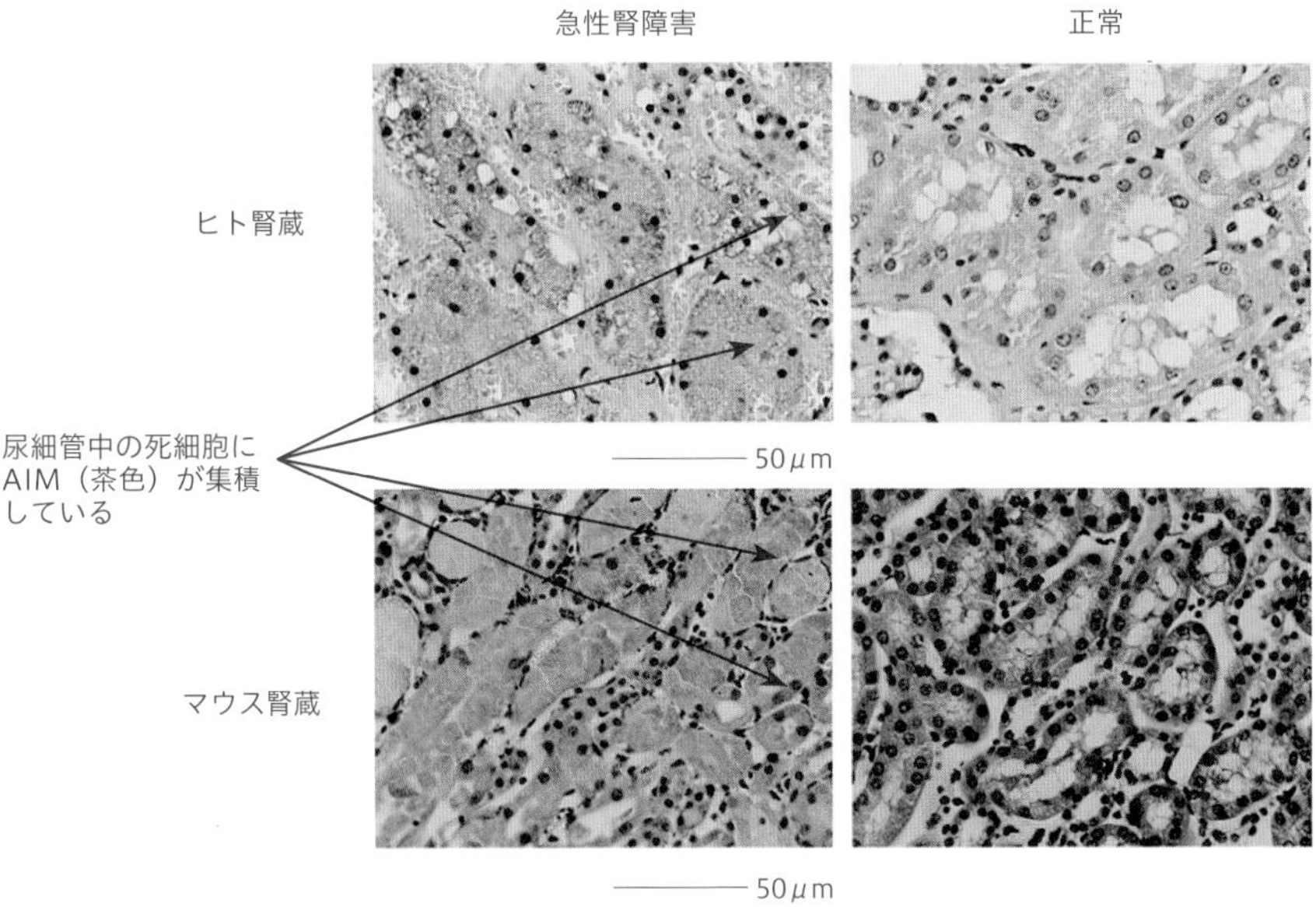

腎臓が障害されると（急性腎障害）、尿細管上皮細胞が死んで剥がれ落ち、尿細管中を閉塞する。閉塞が改善しないと、腎障害は進行し、死亡あるいは慢性化する（慢性腎不全）。急性腎障害が発症した腎臓では、尿細管を閉塞している死細胞にAIM（茶色）が蓄積しているのが確認される。

医学部を辞めて音大に行こうと思ったり、小澤征爾氏に電話をかけ、弟子にしてくれと懇願したことも。

「病気の治療と音楽の指揮は似ていると思います。全体を指揮して美しい響きに整えている鍵になるような部分が体の中にあるはず。それがどうもＡＩＭのような気がするのです」。

ネコもアルツハイマー病に!? ヒトの難病の鍵を握る動物たち

チェンバーズ ジェームズ

記憶力や認識力が低下し、生活に支障をきたすアルツハイマー病。
これまではヒトだけのものと思われてきましたが、実はネコ科の動物でも見られるものでした。
この病の解明にとって、ネコたちが重要な存在であることを世界に示した獣医病理学者の研究を紹介します。

最初の症例を報告した医師の名前に由来するアルツハイマー病は、世界で四六〇〇万人以上が苦しむ代表的な認知症です。

最初の報告から一一〇年以上がたちますが、まだ根本的な治療法は見つかっていません。ヒトに特有の疾患だと考えられ、同じ病変を再現する動物がこれまでは見当たらなかったことが、その一因に挙げられます。

しかし、二〇一二年、東大の獣医病理学グループは、重要な事実を突き止めました。その主役は、名前の印象に反して栃木県出身のチェンバーズ先生。交通事故で犠牲となったツシマヤマネコたちを解剖する機会を得、脳を観察したところ、特徴的な病変があったのです。

鍵を握るネコ科動物

「この病気は、歳をとるにつれて脳に蛋白質がたまり、記憶を司る海馬の神経細胞が死ぬことで発症します。βアミロイドという蛋白質は「老人斑」と呼ばれるしみ、リン酸化されたタウ蛋白質は「神経原線維変化」という現象に表れます。サルやイヌなど、ヒト以外の動物では、老人斑はあっても神経原線維変化はないとされていましたが、高齢のツシマヤマネコでは、タウ蛋白質が蓄積した糸くず状の神経細胞、つまり神経原線維変化がありました。同時期に調べた動物園のチーターの例も鑑みて、この病ではネコ科動物が鍵だと考えました」。

βアミロイドが蓄積して老人斑と神経原線維変化が生じ、神経細胞が死んで発症するという従来の仮説を覆し、両者が独立した現象であることを示した先生が、次に目を向けたのは、チーターやヤマネコより身近なイエネコ、つまりネコ。死んだ老齢ネコの脳を詳しく調べたところ、同様の結果が出ただけでなく、ネコの脳に蓄積するβアミロイドのアミノ酸配列が、ネコ科以外の動物と異なることがわかりました。症状から認知症と判断するのは動物では難しいものの、アルツハイマー病の病理解明には、やはりネコの存在が重要でした。

「ヒトの病気でわからないことは、別の動物と比較することでわかってくる、と私は信じています。その病気にかからない動物や、別のパターンで病気になる動物との比較でわかることがあります。アルツハイマー病だけでなく、パーキンソン病、ALSといった他の神経変性疾患も、これまではヒトに特有だと思われてきましたが、他の動物にもあるとわかれば、ヒトの医療にもつながるはずです」。

チェンバーズ ジェームズ

農学生命科学研究科助教

専門は獣医病理学。猫の病気のメカニズムについて研究しています。

ベンガルヤマネコの一種で、日本では長崎県の対馬にだけ分布している天然記念物・ツシマヤマネコ。生息地の道路整備が進んだことで、交通事故で死ぬ個体も少なくないそう。（asante/PIXTA）

愛と覚悟を胸に

幼少時からの動物好きが高じて獣医病理学者となった先生が最近少し憂えているのは、ネコブームの一方で、解剖をさせてくれる飼い主が減っていること。大切な家族の一員を丁重に見送りたいという気持ちは当然です。しかし、覚悟を持って病理を調べさせてくれる飼い主が増えれば、動物の医療に役立つのもまた確かです。

チェンバーズ家には、しばらくの間、「ウリボウ」と「タヌー」という二匹のネコがいました。でも、今はタヌーだけ。愛と覚悟を胸に動物に接する若き獣医病理学者によれば、腎不全で昨春夭逝した愛猫の脳に、タウ蛋白質は見つからなかったそうです。

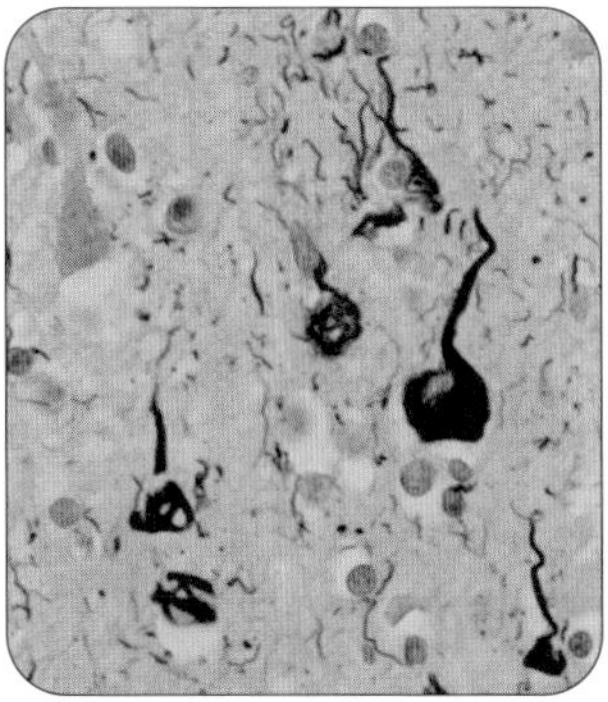

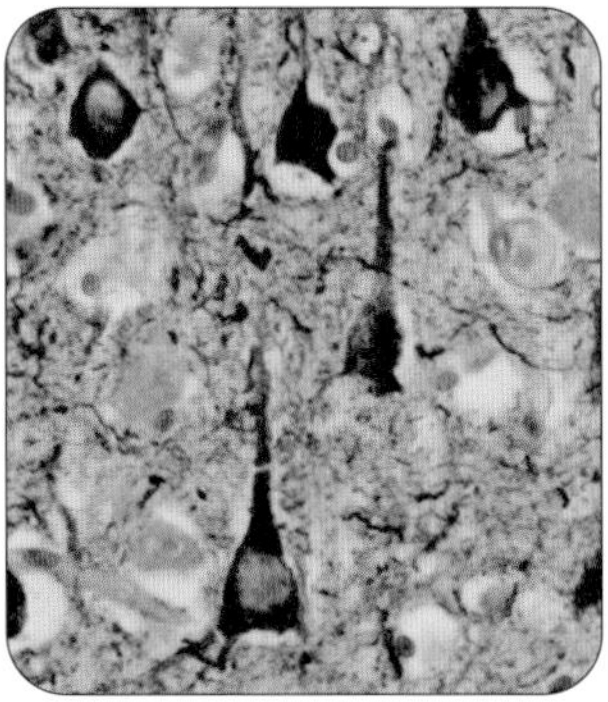

ヒトのアルツハイマー病患者の脳に見られた神経原線維変化（上）と、老齢のツシマヤマネコの脳に見られた神経原線維変化（ともに黒色の部分）。大脳皮質のガリアス＝ブラーク染色標本。

ジェームズ先生の My Cats

読書中のチェンバーズ先生と「ウリボウ」（左・キジトラ）と「タヌー」（右・黒いネコ）。

「ウリボウ」亡き後、昨年再びキジトラを飼いはじめたチェンバーズ先生。名前は「ボブ」。病理学の商売道具である顕微鏡と一緒に。

獣医学とゲノム学と情報学を融合
ネコゲノム解析プラットフォーム

渡邊 学

約二五〇種の遺伝疾患をヒトと共有し、次世代型疾患モデル動物としても注目されるネコ。
　獣医として多くの動物を看取った経験を持つ渡邊先生は、獣医時代にできなかった遺伝疾患の治療を目指して、ヒトへの応用も見据えながら、ネコゲノム解析の研究を続けています。

駒場IIキャンパスに新設された渡邊先生の研究室、盲導犬歩行学分野で進められている研究の一つが、イヌ・ネコなどの伴侶動物のゲノム解析です。塩基配列を短時間で大量に解読できる次世代シークエンサーで確立したというイヌ・ネコのゲノム解析プラットフォームとは、どんなものなのでしょうか。

ゲノム解析の有用性

「リファレンスゲノムという、ネコならネコで基準となるゲノム配列があります。これと、調べたいネコの血液やがんなどの病気の組織から取ったゲノムデータを照合し、違いがある部分を比べると、遺伝疾患やがんの原因がわかったり、毛の長さや色といった個体の形質を決める特定の遺伝子がわかったりします。ヒトゲノムの解析は幅広く開発されていますが、イヌ・ネコゲノムに特化したシステムというのはなかったんです」。

ほ乳類では、ヒト、チンパンジー、マウス、ラット、ウシに続き、二〇〇五年にイヌ、二〇〇七年にネコで全ゲノムが解読されました。ネコではミズーリ大学の研究チームが飼っていた「シナモン」というアビシニアンのデータがリファレンスゲノムとなっています。

たとえば、鍵の形が変わったり途中で欠けたりして鍵穴に入らなくなり、鍵が開かなくなるように、ゲノムの配列が少し変わっただけで、体内の重要な役割を担っていた部品の機能が変化してしまう、というのが遺伝性疾患のイメージ。伴侶動物のゲノム・血液・疾患リソース収集ネットワークを作成し、次世代シークエンサーを用いたゲノム解読から専用に開発されたソフトウェアによるゲノム解析までの一連のシステムを構築するには、コンピュータ、ゲノム学、分子生物学、獣医学などをよく知る必要があります。

「臨床」と「情報」を両輪に

「私は獣医学の出身で、ぼろぼろになって死んでいくかわいそうな動物をたくさん見てきました。獣医というのは、普通のケガは治せても遺伝性疾患は治せません。また、がんはその多くがゲノムや遺伝子の変化により発生したり、悪性化していきます。だから、ゲノムの病気の診断・治療はゲノム解析なしには始まらないんです。コンピュータは苦手でしたが、入った研究室がたまたまシークエンサーを使うところだっ

渡邊 学

新領域創成科学研究科

盲導犬歩行学分野特任教授

専門は伴侶動物ゲノム学。イヌ・ネコのゲノム解析を通して性格や体質などの形質、遺伝病やがんなどの病気を研究。盲導犬事業を通じて視覚障がい者のための科学を推進。日本動物遺伝育種学会理事。論稿に「この病気は、先天的、後天的？　うちのコの弱いところをしろう」『my ♡ dog』（二〇二〇年春号（vol.2）、二六～三七頁。内容は動物遺伝学の原著をもとに品種ごとになりやすい病気を解説したもの）ほか。

たので、自然と身近な存在になりましたね。ウェットな臨床の世界とドライな情報の世界の両方に親しんできたことが、今の自分につながっていると思います」。

渡邊先生の研究室には、日本盲導犬協会のポスターや、ネコのマグネットなど、動物に関わるアイテムがちらほら。中でも一番印象的なのは、腰が抜けた中年男性のような座り方が気になるネコの置物です。

「うちのマスコットのスコティッシュフォールドです。名前の通りの折れ耳と、他の品種では見られない「スコ座り」と呼ばれる独特な姿勢で、人気が高いですね。ただ、実は遺伝的な問題を抱えた品種でもあります」。

この品種の耳が折れた個体同士の交配では高い確率で重大な骨の疾患が発現することが判明しているそうです。

「ネコのゲノム解析プラットフォームで研究を進めて、骨の疾患に悩む仲間を減らしてくれよニャ」。定位置に「スコ座り」しながら研究室を見下ろすおっさんのようなネコが、そんなふうにつぶやいているようでした。

次世代シークエンサーと折れ耳のネコ（の置物）が研究室を支えています。

公益財団法人日本盲導犬協会は、一九六七年、厚生省（当時）が認めた日本初の盲導犬育成団体。盲導犬貸与と視覚障害リハビリテーション事業を通じて視覚障害者の社会参加を促進し、視覚障害者福祉の増進に寄与しています。

神奈川、仙台、富士宮、島根と全国四か所にある訓練センターを拠点に活動。盲導犬との快適な歩行を提供すると同時に、視覚障害者が活動しやすい環境を整えるべく、社会啓発活動にも力を注いでいます。

ヤマネコからイエネコへ

2007 年、各地に生息するヤマネコとイエネコの DNA サンプル 979 例の分子系統樹分類解析により、中東に生息するリビアヤマネコがイエネコの起源であることが判明しました（Driscoll CA et al., Science. 2007 317（5837）：519 -523）。

リビアヤマネコのヒトになつきやすい気質と、生息地周辺にヒトの文明があったことが理由だと考えられています。

スナネコ（*F.margarita*）

ヨーロッパヤマネコ（*F.s.silvestris*）

南アフリカヤマネコ（*F.s.cafra*）

中央アジアヤマネコ（*F.s.ornata*）

ハイイロネコ（*F.s.bieti*）

リビアヤマネコ（*F.s.lybica*）

イエネコ（*F.s.catus*）

渡邊先生の My Cat

宮崎帰省時に道で弱っていたのを見つけて助けたのが縁で渡邊家の飼い猫となった「にゃんこ先生」。16 歳で天寿を全うしました。

渡邊先生が、駒場IIキャンパスで撮影。可愛いタキシード姿で、ご挨拶に来てくれました。

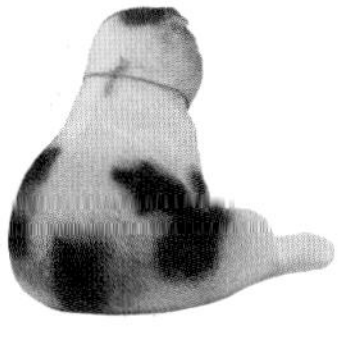

猫と医科学②

インフルエンザウイルスの中間宿主として
ニューヨークのネコが教えてくれたこと

河岡 義裕

鳥インフルエンザが、ネコインフルエンザに？
今後の季節性インフルエンザや新型インフルエンザの流行を予測するうえで、インフルエンザウイルスの中間宿主としてのネコの重要性を示した河岡先生。
インフルエンザを思ったニューヨークのネコたちへの研究により、多くのことが明らかになりました。

二〇一六年一二月から二〇一七年二月にかけて、米国ニューヨーク市の動物保護シェルターで、五〇〇匹以上もの猫がＨ７Ｎ２ネコインフルエンザウイルスに感染しました。幸い、重い症状は見られませんでしたが、ネコの治療に従事した獣医師の一人が、このウイルスに感染、呼吸器症状が現れました。

インフルエンザウイルスの特性を解明

これまで、Ｈ７Ｎ２ネコインフルエンザウイルスが哺乳類に対してどのような病原性を持つのか、またそのウイルスが哺乳類から哺乳類へと伝播する能力を持っているのかについて、明らかにされていませんでした。

そこで、河岡先生たちは、ネコを用いたウイルス感染の伝播実験を行いました。Ｈ７Ｎ２ネコインフルエンザウイルスをネコの鼻腔内に接種。その後、ケージ内で同居するネコ同士が感染するか、またケージが隣接するネコに伝播するかどうかを調べた

河岡 義裕
医科学研究所教授

ところ、それぞれ三ペア中二ペアにおいてウイルスの感染が認められました。

また、このウイルスは、感染哺乳動物に顕著な症状を引き起こさないにもかかわらず、哺乳動物の呼吸器でよく増殖することが明らかになりました。つまり、新たなインフルエンザウイルスが、ネコを介して、ヒトあるいは他の哺乳動物に伝播する可能性があることが分かったのです。

「現在、国内でネコのインフルエンザは発生していませんが、今回のように、何かしらのきっかけで、猫がインフルエンザに感染したとします。もしもどんどん広がるような状況に陥った場合、人に感染するような事例が発生するかもしれません」。

今後の季節性インフルエンザ、あるいは新型インフルエンザの流行を予測するうえで、インフルエンザウイルスの中間宿主としてのネコの重要性が示されました。

また、五〇〇匹以上もの猫の集団感染を引き起こしたウイルスは、一九九〇年代後半から二〇〇〇年代初めに、ニューヨーク近辺の鳥市場で発生が報告されていた低病原性H７N２鳥インフルエンザウイルスに由来することが分かりました。

「猫は、もともと鳥のインフルエンザウイルスに感染すると、ウイルスがよく増えます。猫の体内で増殖していくうちに、どんどん増えやすくなるようにウイルスが変化していくのです」。

河岡先生は「動物は、面白い。動物園に行っても全然飽きません」と話します。獣医学部への進学も「もっと動物のことを知りたかったから」。動物は、いろいろな理由で病気になりますが、その一つが感染症です。「感染症のなかには、ウイルスによ

専門はウイルス学。二〇〇六年ロベルトコッホ賞、二〇一一年紫綬褒章、二〇一三年米国科学アカデミー外国人会員、二〇一六年日本学士院賞。

河岡先生の My Cat

一三歳まで生きた「たけし」。兄弟の「とら」がいたのですが、あるとき行方不明になりました。

治療にあたる獣医師（Hazmat Suits and Shelter Cats: Rare Flu Forces New York Quarantine（By ANDY NEWMAN JAN.12.2017））

河岡先生の My Dog

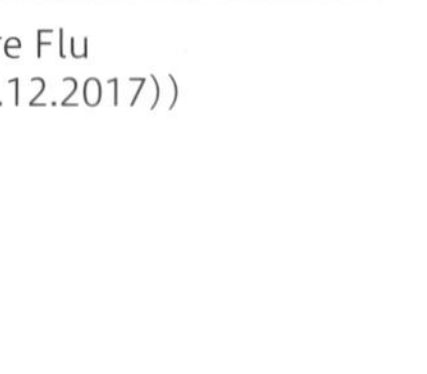

一五歳まで生きたシベリアンハスキー「ken」。

新型コロナウイルスはネコの間で感染伝播する

米農務省と疾病対策センター（ＣＤＣ）は二〇二〇年四月二二日、米国ニューヨーク州内に住むネコ二匹が、新型コロナウイルス検査で陽性反応を示したと発表しました。また、ニューヨーク市の動物園では、トラやライオンなどる感染症があって、そこからウイルスを研究するようになりました」。

動物とインフルエンザ

インフルエンザウイルスは、もともとはカモなどの野生の水禽類が持っていたウイルスがはじまりといいます。「インフルエンザウイルスは、カモの体内では病気を起こしません。腸管で増えるだけです。それがほかの動物に感染すると発症します」。

危険なのは、高病原性鳥インフルエンザウイルス。ヒトが感染した場合の死亡率は五〇％にも昇り、猫をはじめ、ネコ科の動物も感染すると死んでしまうそうです。

ヒトやネコだけでなく、クジラもアザラシもインフルエンザになります。「鳥から感染することが多いです。アザラシは丘にあがるので、カモメなどの海辺の鳥と接触があります。クジラは潮を吹いているときに、鳥に糞便を落とされて感染します」。鳥のインフルエンザは、呼吸器ではなく、腸管で増えるため、糞便とともにウイルスが出てくるそうです。

また、ウマもウシも、インフルエンザにかかります。特に、競走馬は感染したままレースに出場すると、後遺症が残ってしまいます。レースも中止になるため、競走馬は予防接種をしているそうです。

のネコ科動物が新型コロナウイルスに感染したとの報告がなされました。

こうしたなか、河岡先生と米国ウイスコンシン大学、国立国際医療研究センター、国立感染症研究所は、新型コロナウイルス感染症（COVID-19）の患者から分離されたウイルスを用いて、ネコにおける増殖能と感染伝播能を解析しました。

その結果、新型コロナウイルスはネコの呼吸器でよく増えること、接触によって容易に感染伝播することが明らかになり、新型コロナウイルスがネコの間で広がる可能性を示唆しました。また、新型コロナウイルスに感染したネコは明らかな症状を示さないことも分かりました。

この研究の成果は、二〇二〇年五月一三日に米国科学雑誌「New England Journal of Medicine」（NEJM）のオンライン速報版で公開され、注目を集めました。

完成したら「カエル型」!? 誕生・しなやかなネコ型ロボット

新山 龍馬

ロボット、と聞けば、金属製の硬質な物体を想像する人が多いと思います。ガンダム、アトム、マジンガーZといった有名ロボたちや、工場で働く産業用ロボットなども、そんな感じが濃厚です。

しかし、新山先生が研究するのは、それらと一線を画す「やわらかい」ロボット。なかでも、注目を集めるのは、「ネコ型ロボット」です。

「小さい頃から生き物と図画工作が大好きで、高専と大学でロボットコンテストに没頭する生活を経て、生き物のようなモノを作りたいと思うようになりました。歩くことで精一杯のロボットとはちがう、もっと元気に動くロボットを目指そうと決心し、動物のようにしなやかにジャンプするロボットに取りかかりました」。

これまでのロボットは、四角くて、触ったときも硬いというイメージ。「ネコはその対極にあります。丸みをおびて、やわらかな存在」。今の技術では実現が難しいロボットを作ってみたいという挑戦の気持ちから、新山先生はネコ型ロボットの開発をスタートさせました。

「しなやかさ」と「やわらかさ」を目指して

二〇〇四年、細かな電子制御よりも体のつくりの方が重要と見抜き、跳躍の瞬発力と着地の衝撃吸収力をゴムチューブの空気圧人工筋に託した「ネコ型ロボット」はダイナミックな跳躍を実現。塀の上に跳び乗るネコの動きを模し、注目を集めます。「猫の『しなやかさ』は、『筋肉のしなやかさ』なのではないのかと考えました」。

モーターでは筋肉の動きをまねることは難しく、ネコらしい動きを表現できません。「素早く動くことができて、軽くて、強い、筋肉のような動力とは何かを考えているうちに、空気の圧力で動く人工筋肉が使えないかと思いつきました」。

ただ、意外な評価も待っていました。「シンプル・イズ・ベストと考え、ジャンプに必要な後ろ脚しか作らなかったせいで、世間からはカエル型だと思われたんです。自分としては、ドラえもんとは違うタイプのネコ型ロボットでしたけど」。

最初のネコ型ロボット（一号機）は開発開始から半年後に完成しました。数年後、二号機も製作しました。ネコ型ロボットの仲間として、背骨の柔らかさを追求した四つ足のロボットや、走るヒト型ロボットも開発しました。

未来にジャンプするロボット博士

一連の研究で博士号を取得した新山先生は、二〇一〇年にＭＩＴの研究員に。ソフトロボティクスという新分野が黎明期を迎えていたアメリカ・ボストンで、四本脚で走るチーター型ロボットなどの技術を吸収した後、二〇一四年に東大の教員となり、研究・教育活動に励んでいます。

そんな新山先生が、「これはやられた」と思ったのが「Qoobo（クーボ）」（ユカイ工学

新山 龍馬

情報理工学系研究科講師

専門は生物規範型ロボットやソフトロボティクス。著書に『やわらかいロボット』（金子書房、二〇一八年）や、『超ロボット化社会――ロボットだらけの未来を賢く生きる』（日刊工業新聞社、二〇一九年）がある。

株式会社）。新山先生の後輩が手がけたもので、動くしっぽのついたクッション型セラピーロボットです。

耐久性、信頼性、出力の小ささなど、やわらかいロボットには弱点もあります。しかし、人間の隣で働くには、映画に登場した風船ロボット「ベイマックス」のようなやわらかさが必要です。

実は、カレル・チャペックがロボットという語を創出した際、その材料は金属ではなく人造の生きた物質だったそう。生き物に近いやわらかさはロボットの究極の目標なのかもしれません。

直接さわることができるロボットを作っていると実世界に生きている実感が湧いてくる、と語るロボット博士。長い目で実現したいと思うロボットは、「生き物のように、成長したり、自己修復したり、したたかに生きるロボット」。扱う対象はソフトですが、博士のロボット愛はどう見ても堅固です。

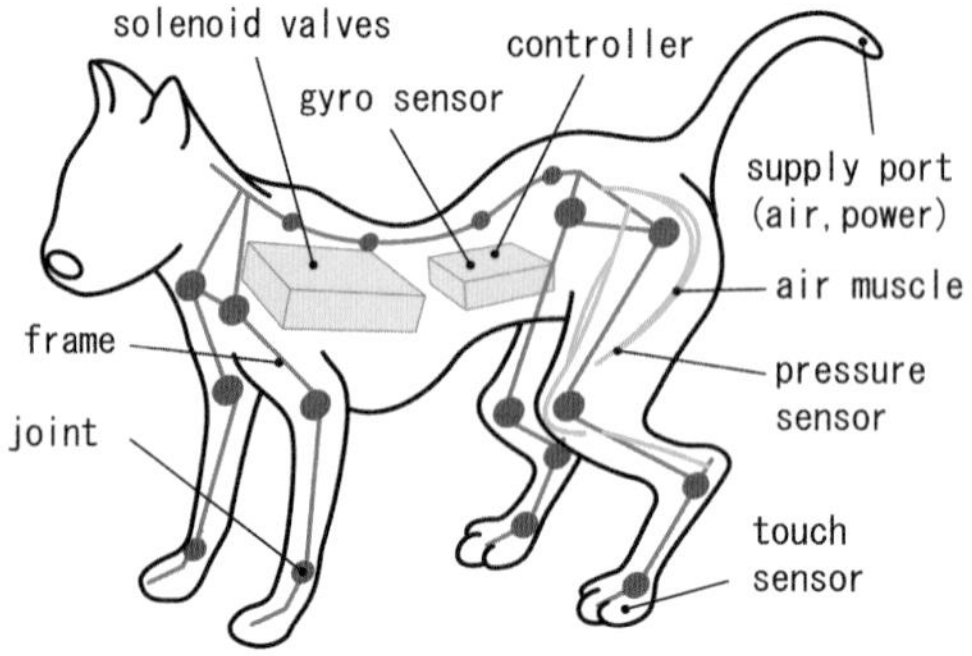

初期のスケッチ。ネコの姿形そのまま。

「Qoobo」は、猫でも犬でもない存在。ユカイ工学株式会社PR担当の海渕恵理さんは「撫でる人の想像で好きな動物を思い浮かべてもらいたい」と話します。

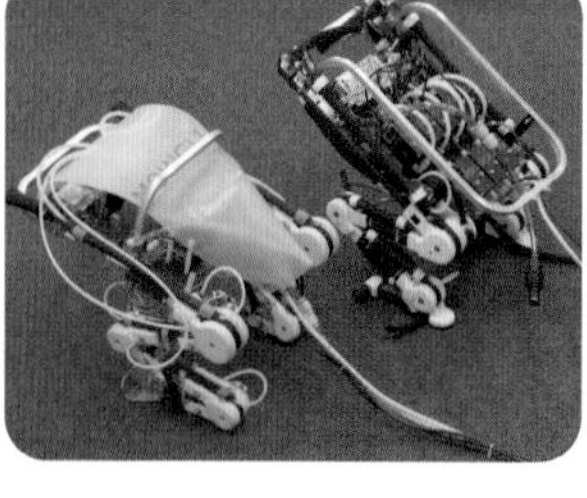

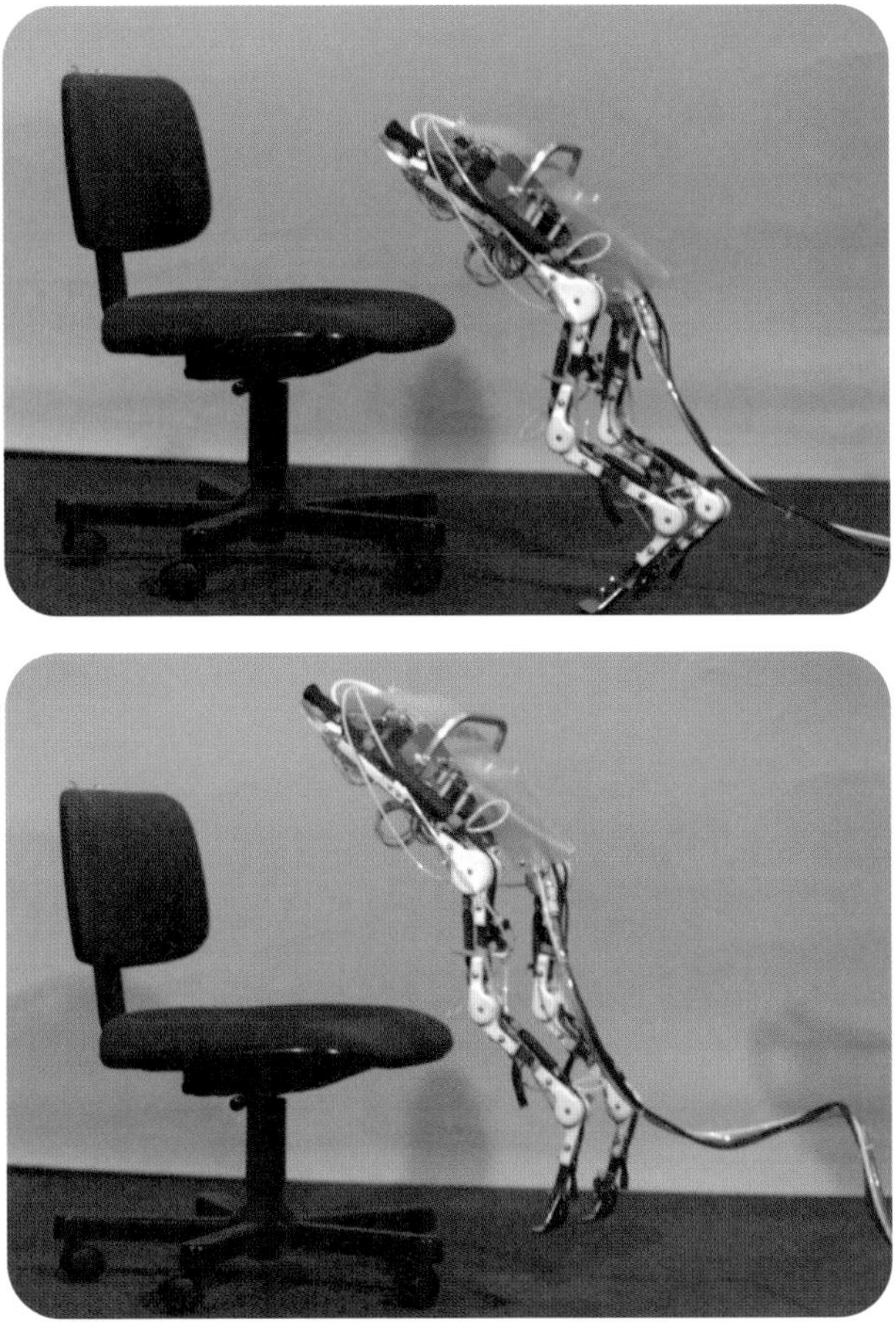

ネコ型ロボットがしゃがんだ状態から椅子に跳び乗ろうとしている様子。白い骨格に沿って人工筋肉が配置されています。

左が一号機、右が二号機。ロボットは「モーグリ(Mowgli)」と名付けられました。二号機では筋肉が追加され、より細やかな動きができるようになりました。

新山先生の My Cat

実家で一緒に暮らしていた茶白の「トラヤ」。無口なメス猫。

冬は心配になるくらいストーブに鼻を近づけて座っていたそうです。

猫と応用獣医学

ネコの加齢に伴う腸内細菌叢の変化とは
ネコにはネコの乳酸菌!?

平山 和宏

ペットの健康維持が、近年注目を集めています。

健康維持の手段の一つに腸内環境の改善がありますが、特にネコにおける腸内細菌叢については研究が十分ではありませんでした。

そこで、平山先生たちは、五つの年齢ステージにおけるネコの腸内細菌叢を解析し、腸内細菌叢が変化（老化）することを見出しました。本研究によって、ネコの健康改善法のさらなる進歩が期待されます。

平山先生は、腸内細菌が専門。腸内細菌学の礎と呼ばれる光岡知足先生に師事しました。腸内細菌が健康にどのように関わりあっているのかについて、研究を進めています。

「ヒトに関する研究だけでなく、動物の腸内細菌の研究も進めています。イヌやネコをはじめ、パンダについても研究をしたことがあります」。

ヒトやイヌと異なる変化

腸内細菌を良い状態に保つことは、健康維持のために大切なことですが、残念なことに、ヒトの腸内細菌は老化してしまいます。例えば、赤ちゃんの時は腸内細菌のほとんどを占めている善玉菌のビフィズス菌ですが、老人になると減少し、いなくなってしまうこともあります。腸内環境も老化してしまうのです。

「それは、ネコにも同じことがいえるのか。もしそうであるとすれば、腸内細菌の老化を少しでも鈍くしたり、おなかの調子を良くして、寿命を長くすることに役立つことが出来ればと。それが、研究の入り口です」。

まず、平山先生たちは、様々な年齢ステージにおける、ネコの腸内細菌叢の状態についての情報の把握に取り掛かりました。

離乳前（一二・六±〇・五：日齢）、離乳後（七・五±〇・五：週齢）、成年期（二・五±〇・五：歳）、高齢期（一一・四±一・六：歳）、老齢期（一七・五±一・二：歳）という五つの年齢ステージごとに、それぞれネコ一〇頭を用意。糞便を採取し、そこに含まれる細菌の種類や数の全体像を調べ、その後、ヒトや動物の健康に重要な役割を持つと考えられるビフィズス菌（*Bifidobacterium* 属）と乳酸桿菌（*Lactobacillus* 属）について詳細な解析を行いました。

すると、ネコにおいても、加齢に伴う腸内細菌叢の老化が認められましたが、その変化はヒトやイヌとは異なるものでした。

具体的には、ネコの腸内細菌叢にはどの年齢ステージにおいても *Bacteroidaceae* 科や *Eubacterium* 属グループの細菌が多い一方で、ビフィズス菌や乳酸桿菌は優勢な菌ではなく、代わりに *Enterococcus* 属グループ（腸球菌）の細菌が多いことが分かりました。

また、高齢になると *Clostridium* 属グループの細菌が増え、*Enterococcus* 属グループの細菌が減ることもわかりました。高齢のネコで増えた *Clostridium* 属グループの細菌には、いわゆる悪玉菌と呼ばれる、動物に良くない影響を及ぼす細菌も含まれてい

平山和宏

農学生命科学研究科教授

専門は獣医公衆衛生学と腸内細菌学。著書に『腸内共生系のバイオサイエンス』（共著、丸善出版、二〇一一年）、『ヒトマイクロバイオーム研究最前線——常在菌の解析技術から生態、医療分野、食品への応用研究まで』（共著、エヌ・ティー・エス、二〇一六年）、『もっとよくわかる！腸内細菌叢——健康と疾患を司る〝もう一つの臓器〟』（共著、羊土社、二〇一九年）ほか。

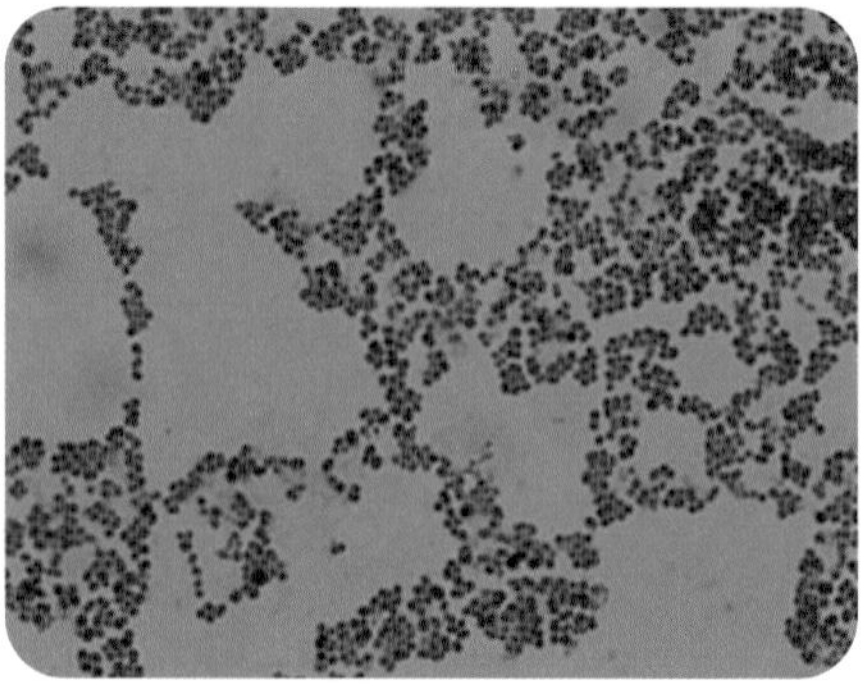

ネコの腸球菌

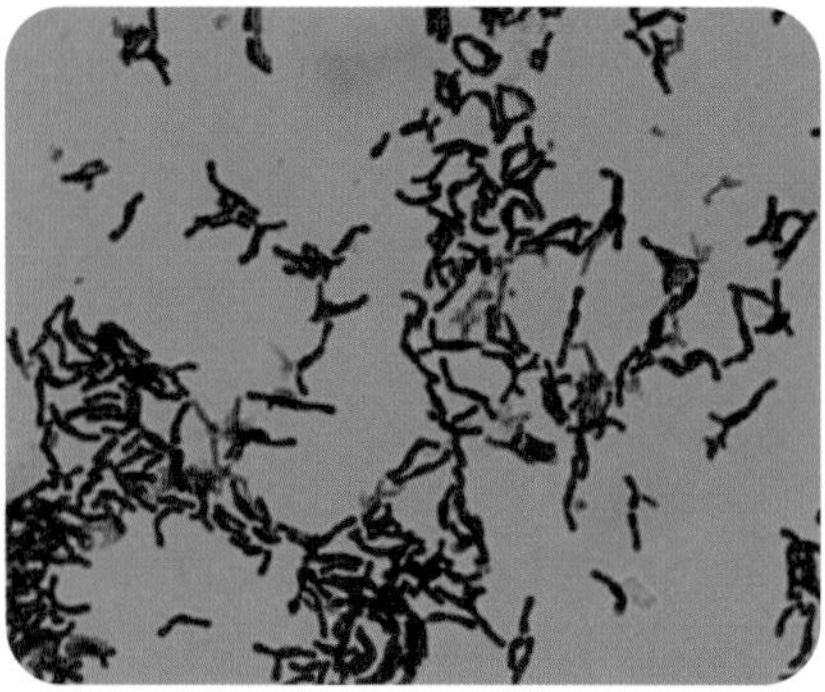

ヒトのビフィズス菌

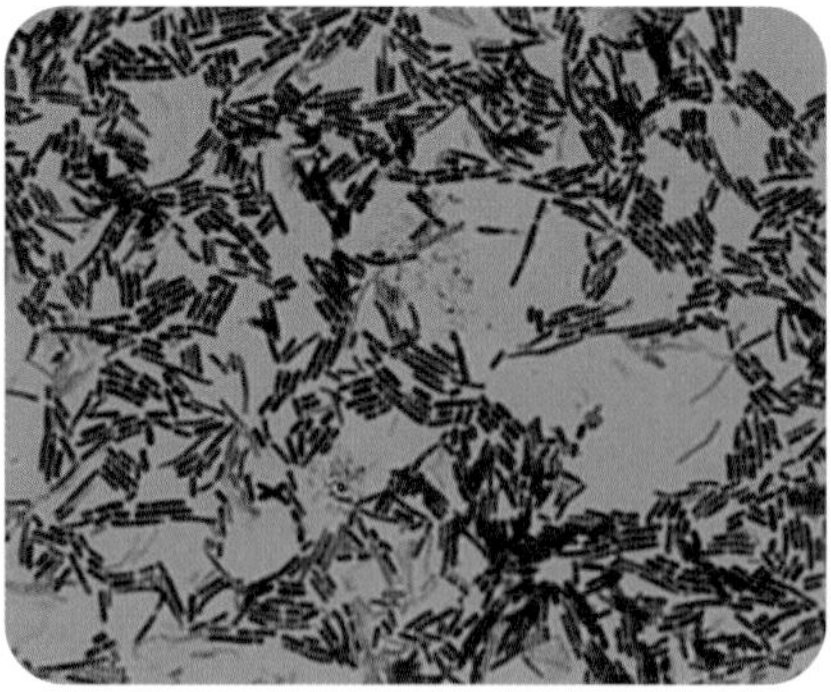

イヌの乳酸桿菌

ます。

平山先生たちの過去の研究により、イヌにおいては、乳酸桿菌が善玉菌の役割を担うことを示唆する報告がなされています。今回、ネコにおいては、ビフィズス菌や乳酸桿菌のどちらの細菌も優勢ではなく、同様の位置を占めるのは腸球菌であることが示唆されました。

「ネコにとって、腸球菌が本当に善玉菌なのかという研究はこれからになりますが、ビフィズス菌と同じように、年齢で変化するのが腸球菌でした」。

いつまでも、元気よく

近年、ヒトでは腸内細菌叢を健康に保つため、老化とともに減少するビフィズス菌を補うことを目的としたプロバイオティクスやビフィズス菌の栄養になるプレバイオティクスが広く使用されていますが、本研究の成果が、ネコの腸内環境を健康に保つための、ネコに特化した適切なプロバイオティクスやプレバイオティクスの開発につながることが期待されます。

平山先生はトイプードルを二頭飼っているため、ペットとして親しまれているネコにも優しいまなざしを向けます。「元気に、長生きして欲しい。おなかを壊したときだけでなく、病気を患って、薬を飲むようになる前に、日ごろの健康維持のために役に立つことができればと願っています」。

平山先生の My Dogs

「カンナ」（手前）は賢い先輩犬。「カリン」（奥）は保護犬でしたが、だいぶ平山先生のおうちになじみました。

どうぶつ達と共に暮らす幸せな社会へ

日本ペットサミット（J-PETs）を設立

西村 亮平

西村先生の専門分野は獣医外科学。再生医療学をテーマに研究を進め、動物医療センターの外科診療科で診療も行っています。

また、「ねこ医学会」での活動をはじめ、二〇一五年には、「日本ペットサミット（J-PETs）」を設立しました。

精力的に活動を続ける、西村先生の「想い」に迫ってみたいと思います。

私は現在いくつかの団体で、猫に関係する活動を行っています。まずはねこ医学会。その名の通り猫だけを対象とした学会です。獣医学関係の学会は通常広い範囲の動物種を対象としますが、ねこ医学会は猫だけを対象とするユニークな学会です。猫は神秘的と言われることが多いですが、獣医学的にも犬ほど研究が進んでおらず、多くの謎に包まれています。そこで、この学会は猫医学に関する最新情報を、獣医療関係者に広く伝えることを大きな柱としています。

猫への想い

この学会のもう一つユニークな点は、猫にとってよりやさしい動物病院（Cat Friendly Clinic：CFC）の普及活動も行っていることです。猫にとってかごに入れられて、知らない場所、とくに動物病院に連れていかれるのは脅威。そのため病気の診断や治療が遅れてしまいがちです。このＣＦＣ活動は、少しでも猫達が病院に来やすくすることで猫の健康を守ろうとするものです。私も理事としてこれらの活動にかかわっています。

次は日本ペットサミット（J-PETs）と動物愛護社会化推進協会で、いずれも猫に特化したものではありませんが、〝どうぶつ達と共に暮らす幸せな社会づくり〟を活動目標とした団体です。私がこれらの団体で会長あるいは理事長として活動している理由を、J-PETsの挨拶文（一部改変）でご紹介したいと思います。

西村先生のメッセージ

我々人類は、遥か昔からどうぶつとともに暮らしてきました。たとえば犬とは数千年前〜一万年以上前から一緒に生活してきたことが分かっていますし、猫とも長い歴史を持っています。数は少なくなりますがその他の多様などうぶつたちとも生活を共にしてきました。

最初はつかず離れずの関係、あるいは家畜的な関係だったと思いますが、とくに犬や猫との精神的な結びつきが次第に強くなり、現在では多くの人にとってなくてはならない人生のパートナーとなっています。

それはなぜでしょうか。一言でいえばお互いに居心地がいいからだと思います。なぜ居心地がいいのかはわかりませんが、長い歴史の中でお互いのＤＮＡに刷り込まれているのかもしれません。とくに精神的ストレスが高まってきている現代社会におい

西村 亮平 文
農学生命科学研究科教授

西村先生撮影の
世界の猫たち

プノンペン、ハワイ、上海、東京の猫。猫は世界のどこに行っても変わりがありません。そして同じように人間社会に溶け込んでいます（人間が猫社会に溶け込んでいるのかも）。

上海

東京

プノンペン

ハワイ

ては、かけがえのない存在になってきていると言っても過言ではありません。
どうぶつ達と共に暮らす社会は、我々人類に駆け引きの必要ない喜びを与えてくれ、精神的に豊かなものとしてくれます。それだけではありません。どうぶつたちと暮らすことは、子どもたちの発育・発達にとてもいい影響を与えてくれますし、高齢者の肉体的・精神的健康さを長く保ってくれます。また障がいのある人たちのリハビリに役立ち、またその生活を助けるパートナーとしても働いてくれていますし、それ以外の場面でも人のために働いてくれる犬たちもいます。

しかし、現在どうぶつ達と共に暮らす上で様々な問題が存在します。もちろんどうぶつ達と暮らすことのマイナス面もありますし、世の中にはどうぶつに無関心な人あるいは嫌いな人もいます。しかし、社会全体でみるとどうぶつ達と暮らす社会は精神的にも肉体的にも豊かであることは間違いないと思います。

我々のモットーは〝いい加減〟です。これは決して適当にやるという意味ではありません。社会にとって最も良い加減を目指すということです。世の中には色々な考え方があります。一つの方向に向かって努力を重ねることは素晴らしいことです。しかし、社会全体がより良いものになるためにはそのバランスも必要だと思います。そこには懐の深い社会的寛容性も必要でしょう。

我々は、多くの人たちの考えに耳を傾け、そしてそのいいところを最大限に結び付けることで、我々の目標を目指していきたいと思います。

西村先生の My Cats

仲良しの「一茶」（右）と「ミケ」（左）と。

猫とキャンパス

創設時には神田錦町と神田和泉町にあった東大のキャンパス。現在は本郷、駒場、柏、小石川、中野、白金台、田無、三鷹……と様々な場所で研究・教育活動が行われています。ここでは、本郷・駒場の両キャンパスと猫との関係をお伝えします。

駒場キャンパスにて。

猫と駒場キャンパス

駒場キャンパスの学生や教職員から愛される「駒猫」。
ここでは、あたたかい交流の一端をお伝えします。

駒場キャンパスにはかつて「駒猫」と呼ばれる猫がたくさんいました。ただ、現在では数が減り、そう頻繁には目にしなくなっています。

「一時期、増えすぎが問題になり、二〇一〇年頃から、猫を捕まえて不妊治療を施して戻す取り組みを始めました。多くの大学院生や、ＮＰＯ、近所の獣医さんも協力してくれました。それで自然と数が減り、現在把握しているのは数匹程度です」と語るのは、「駒猫」と深い絆で結ばれた総合文化研究科の森政稔先生。

構内で一五年以上暮らし、アイドルとして愛された猫が二〇〇五年に亡くなった際には、『教養学部報』（第四八七号）に特別な追悼文「さよなら、まみちゃん」を寄せて話題になりました。

さよなら、まみちゃん

ふわふわっとした純白の体に、赤みがかったグレイの顔と縞模様のしっぽ。きりっとした眼差しに上品な美貌。駒場キャンパスの九号館近辺に一五年以上に亘って住みつき、多くの人に愛されたねこのまみちゃんが、今年の六月二六日に亡くなりました。まみちゃんには駒場に暮らした一匹のねこという以上に、うまく表現できないのですが、その賢さと人なつこさから、特別のねこという想いを抱く人が多く、私もその一人です。

まみちゃんを一度、眼の病気で病院に連れていったことがあります。病院から帰ってかごを開けると、まみちゃんは自分の相当に広い縄張りを歩き回って匂いをかいで、本当に自分はもとの場所に帰って来たのだということを確認していました。まみちゃんの娘のまーちゃん（昨年一月没）を病院から連れて帰ったときは、まみちゃんがいたのですっかり安心したのとは大違いです。

まみちゃんの記憶には、駒場キャンパスのデータがいっぱい詰まっていたのでしょう。台風のとき、大雪のときに逃げ込む秘密の場所。駒場祭の喧騒から逃れる裏通り。猛暑のときいちばん風の通る涼しい場所。昼も夜も一五年以上のほとんどすべてを駒

『教養学部報』第四八七号（二〇〇五年一一月二日付）。

場キャンパスで過ごしたまみちゃんほど、駒場の細部を知り尽くしていた生き物はいないのではないかと。爪とぎをしていた銀杏並木の東半分の樹一本一本に、九号館前から生協食堂につながる通りの草むらや、寒い冬に落ち葉に包まって過ごした食堂前のクスノキの大木の下に、テリトリーのあらゆる細部にまみちゃんは記憶をもち、そして私のまみちゃんの思い出も、これらの風景に溶け込んでいます。

　まみちゃんの美少女時代と若いおかあさんの時代については、わたしはよく知りません。ただ白い綿の妖精のような印象が残っています。その一方で、蛇と格闘して勝ったようなワイルドな面ももつねこでした。このあいだに娘のまーちゃんとみーちゃん（両方三毛ねこで長く駒場で生活）と、それから息子二匹（共に白黒のぶち）、立派に育てました。

　子育てが終わって、マダムになった時代のまみちゃん。人気が高くなって世話をしてくれる人たちにも恵まれ、すっかりグルメねこ（かつおぶし、チーズ、かにかま、そしてコーヒー用ミルクが好物）になったまみちゃんは、体つきもふっくらとして、毛並みはきれいで優雅な装いになりました。生協食堂あたりで、ライバルのももちゃん（元気の良い三毛ねこでした）およびそのファミリーと、テリトリー争いをしていたのも思い出です。

まみちゃんにもしだいに晩年がやってきました。歯周病を患うようになり、うまく食べられなくなったのは、グルメねこのまみちゃんには辛いことだったと思われます。しかし、年老いてもきれいで、人間と付き合うことを楽しんだねこでした。人間たちを先導して、生協前のテラスへとパーティーに誘うような素振りまでしました。抱っこをすると肩まで登ってきて鳥のように止まったり、冬にコートの中に入れると、背中の方まで入りこんで来たりと、晩年にはとくに何かと積極的な友好の表現をするねこでした。昨年秋に娘のみーちゃんを喪ったまみちゃんは、その頃迷い込んできた子どもの黒ねこアレックスをおかあさん代わりになってナメナメして可愛がり、その他でぶたくん、くろ、まやちゃんが出入りして、まみちゃんの最後の一年、九号館前は本当ににぎやかでした。

今でもまみちゃんがひざのうえに乗ってくるときの、うにゃ、とした気持ち良い感覚が残っています。まみちゃんの死は寿命を全うしたので仕方がありませんが、このようなすばらしいねこに出会うことはないかもしれないという気にもなります。そして教職員、学生、近所の方々を問わず、多くの人にお世話になったこと、また、まみちゃんたちねこの縁を通じて幾人もの人と知り合うことのできたことの幸運にも、さらにねこが好きでない人に私たちのねことの交際を受忍していただいたことにも、感謝したいと思います。ねこが捨てられたり迷い込んだりすることはもともと不幸なことで、そういうことから始まる駒場のねことのつきあいであっても、生まれた以上はできるだけ幸せな生涯を送ってほしいと思います。本人には聞けませんでしたが、まみちゃんはたぶん幸せなねこでした。

亡くなったまみちゃんは、発見してくれた学生と警備の方によって、正門の警備員室の近くに葬られています。まみちゃんを記念するささやかなものを、そのうちできれば作ろうと考えています。まみちゃんの昔の思い出を知っておられる方、写真などをお持ちの方は、どうぞ森までお知らせください。

森政稔先生とミレ

森先生が見守るのは、「ミレ」「ミンミン」「クロ」「モナ」「チャッピー」の名で呼ばれる五匹（二〇一八年）。その後、クロがキャンパスを去り、モナが残念ながら亡くなり、一方で時たまふらりと現れる猫もいた中で、「フェレ」と「ミロ」がほぼ定着しました。ミレとミンミン、モナとチャッピーは親子で、モナはミンミンの娘かもしれないとのこと。ミレとモナはよく似ていました。足先の白い方がミレです。

昼は一号館の裏庭辺り、日没の頃には銀杏並木沿いのテラスや噴水付近で待っていると、運がよければ「駒猫」たちに遇えるかもしれません。

駒猫紹介

ミンミン

クロ

モナ

チャッピー

キャンパスの歴史的建造物と猫と

駒場点景

永井 久美子

進学情報センターのある一号館の周辺には、駒場Ｉキャンパスに暮らす「駒猫」たちが時折現れます。同センターで、進学選択に関する情報提供や学生さんの個別相談に応じている永井先生によると、「一号館の中庭は、基本的には人が立ち入らない場所であることを知っているのか、猫たちにとって休息の地の一つであるようです」。

「進学相談の中で、駒場にある教養学部後期課程にも関心はあるけれど、三年次からは安田講堂や赤門のある本郷キャンパスに通いたいという希望を聞くことがあります。その気持ちも分からないではありません。ただ、駒場も歴史ある緑豊かなキャンパスですよ」と永井先生。撮りためた風景や駒猫たちの写真を見せてくれました。

駒猫とのご縁のはじまり

進学情報センターでの仕事は、永井先生と駒猫との出会いのきっかけになりました。「一号館の周りを歩く機会が増え、それがご縁です」。もともと写真を撮るのが好きだったこともあり、猫を見かけるとカメラを構えるようになりました。

時計台がそびえる一号館は、旧第一高等学校本館で、国の登録有形文化財です。昭和初期の建築の特徴を見せるスクラッチタイルの外壁、石畳、そして樹木という景色の中に、駒猫たちは姿を現します。「今日もいるかなと思うとおらず、思いがけない

永井 久美子
総合文化研究科准教授

時にいたり。意外な場所で出会うこともあります」。

キャンパス内には新旧さまざまな建物があり、一号館の西に位置する一三号館は、昭和の末期に建てられたもの。平成を経て令和の時代を迎えた今、すでに短くない歴史を有するようになりました。そんな同館に探検に訪れたのは、ミレ。「ある学部のガイダンスが開かれたときのことです。駒猫も進学選択に関心があるのかなと思わせる一場面でした」。

永井先生に一号館の裏手を散策する姿を撮らせてくれたのは、茶トラ猫のチャッピー。『学内広報』第一五一二号の「カバーガール」でもあり、「一高」の文字の刻まれたマンホール蓋と共に、カメラに収まってくれました。まさしく「見返り美猫」です。

専門は比較文学比較文化、日本古典文学と絵画。論文に「『源氏物語』幻巻の四季と浦島伝説——亀比売としての紫の上」『アジア遊学』第一四六号（勉誠出版、二〇二〇年三月）、「暴露の愉悦と誤認の恐怖——「病草紙」における病者との距離」牛村圭編『文明と身体』（臨川書店、二〇一八年）ほか。

ガイダンスに訪れたミレ

見返り美猫チャッピー
（『学内広報』第1512号表紙）

愛らしい駒猫たち

永井先生が研究しているのは、平安時代の絵巻物。王朝物語には、黒髪の豊かさが美人の条件としてよく記されています。猫の場合も、毛並みで印象が大きく左右されます。「駒猫たちは色はさまざまで、毛艶は皆とてもよいですね。黄と茶の縞柄のチャッピーはスクラッチタイルに色も模様も近く、まるで一号館の一部のようです」。ちなみにクロ、フェレ、ミロが男子で、ミレ、ミンミン、モナ、チャッピーは女子。なかなか二割を超えない東大の女子学生率ですが、駒猫は女子多めです。「『源氏物語』にも魅力的な女性がたくさん登場しますが、白靴下にカギしっぽのミレも、コロンとしたフォルムのミンミンも、舌をしまい忘れぎみのモナも、警戒心は強いけれども中庭では無防備でお昼寝姿を披露するチャッピーも、皆それぞれ美しく賢い猫です」。

一号館のほか、九〇〇番教室（講堂）も旧制一高時代からの歴史的建造物。パイプオルガンが設置されており、定期的に演奏会が開催されています。「チャッピーが聴きに来ていたことがありました。永井先生が演奏会のお手伝いをしていて、外に出たら、ばったり。『お忍びで来たのに』といわんばかりの表情で、木の陰に消えていってしまいました（笑）」。

ガイダンスにしても演奏会にしても、授業時間後に人が集まっていると、猫たちはどうも気になり見に来る様子。一時期よりは数の減った駒猫ですが、関心をもって探してみると、案外、身近なところにいるようです。

一号館周辺を探索するチャッピー。

右手奥に写っているオリーブは、旧制一高の教頭を務めた齋藤阿具先生がヨーロッパ留学時に持ち帰った古木。だいぶ弱っていたところ、年明けに周辺ともども手入れがなされました。写真は整備前のもの。変化を気にして、そのうちチャッピーがまたパトロールに来るかもしれません。一号館南東の一画です。

雨の夜。ミレは水溜まりを避け、ミンミンは柱に登り雨宿り中。グレーの鉄骨は、二〇一五年に耐震補強のため取り付けられたもの。

一号館中庭の扉は、普段は閉じられています。モナが門番（?）を務めていたことも。

東京大学本郷構内の遺跡調査にて

発掘・猫の玩具

小林 照子

埋蔵文化財調査室は、東京大学構内の施設整備に伴う発掘調査を行っています。

北陸の雄藩・加賀藩の歴史を紐解く調査は、一九八〇年代半ばから本格化し、これまでの調査面積は、合わせて一二万二〇〇〇平方メートルにもおよびます。

歴史的に極めて貴重な文化財も多く、猫の土人形は本郷構内の地下に静かに眠っていました。


二〇一九年度現在で、発掘された人形・玩具は一四〇〇点ほど報告されています。その中で人や動物の形をしたものは約四〇〇点、猫は七点報告されていますが、ここでは、工学部一四号地点のＳＫ２（写真１）と、入院棟Ａ地点ＳＴ２５８４（写真２）から出土した猫の土人形について紹介したいと思います。

土人形の特徴

これらは、ともに土人形です。土人形とはその名前の通り、泥土や粘土で作った人形のことです。土人形は手びねりのものと、型作りのものがあります。型作りのものは、前後二枚の型に粘土を詰め、型から外し乾燥させ、素焼きした後、胡粉《ごふん》で下地を塗り彩色して仕上げます。土人形は一七世紀中葉から作られ始め、一八世紀以降は各地の遺跡から多量に出土するようになります。猫の土人形がみられるようになるのは一八世紀後半頃からです。

写真1の猫は、東京大学工学部一四号館の建設に伴う調査で出土した資料です。高さ4センチメートルほどの小さな猫で、横向きに座り、首輪に鈴のようなものをつけています。長い間土の中にあったため、彩色は剥げていますが、一部に胡粉が残っています。

本郷キャンパスは、そのほとんどが加賀藩の上屋敷でしたが、一四号館の区画は、

写真１（工学部 14 号館出土　高さ 4.0・幅 2.6・奥行 2.2cm）

写真２（入院棟 A 地点出土　高さ 10.7・幅 8.7・奥行 6.6cm）

小林 照子
埋蔵文化財調査室

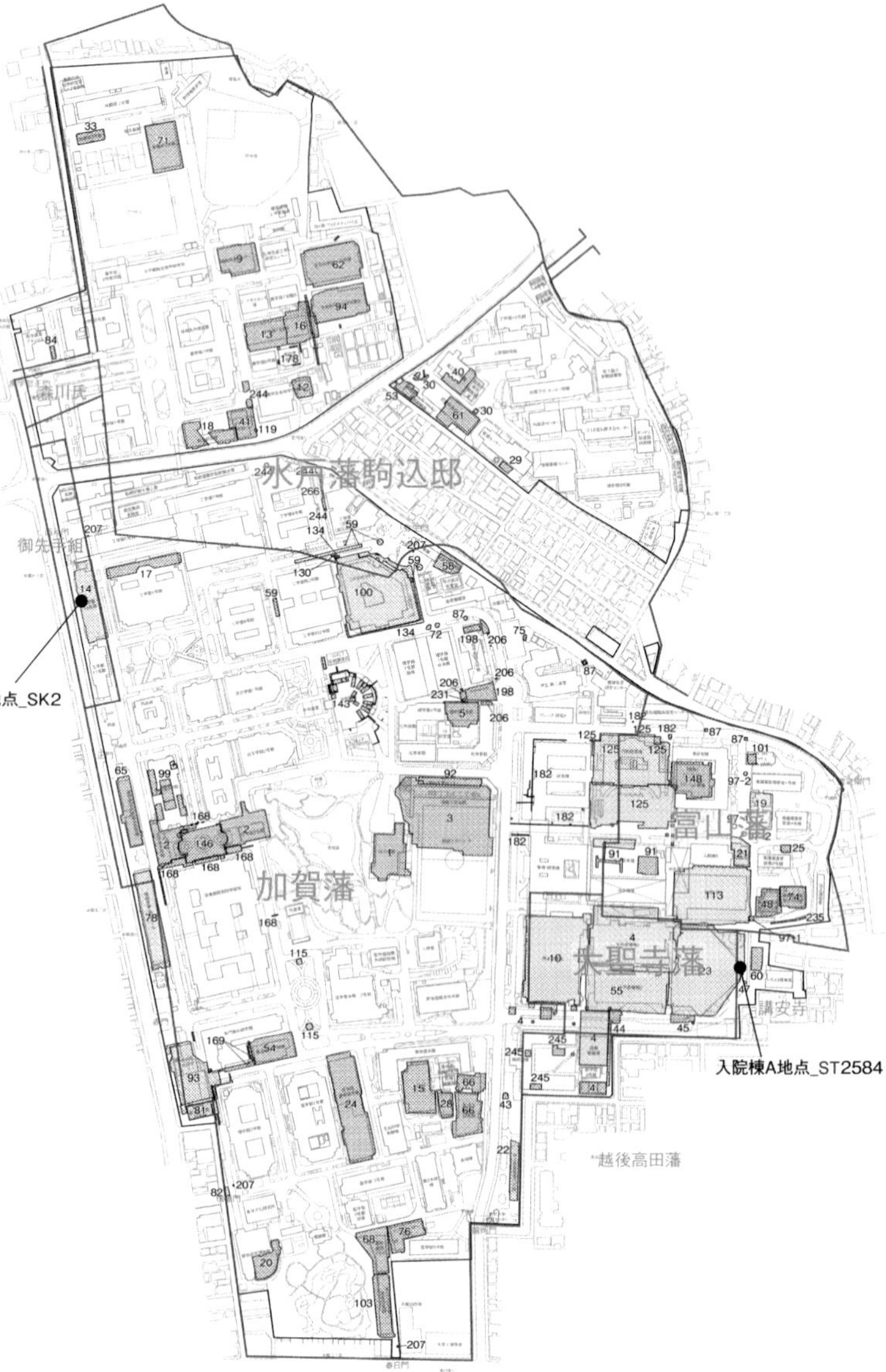

本郷キャンパス調査地点図

「御先手組」という組屋敷内に位置します。御先手組は、外部からの侵入者に対する江戸の警護・防衛の役割を果たしたといいます。

昔も、今も……

写真2の猫は東大病院入院棟Aの建設に伴う調査で出土した資料です。長いしっぽを巻き上げ、横向きで顔を正面に向けて座っています。中には土玉が入っており、振るとガラガラと音がします。

東大病院入院棟A地点は、加賀藩の支藩である大聖寺藩の敷地と、東側の講安寺にまたがって位置しています。ＳＴ２５８４は講安寺の墓所にあり、甕棺が埋設されていた遺構です。甕棺とは亡くなった人の遺骸を入れる甕で、中には成人男性の人骨が納められていました。写真2の猫は、甕棺を埋めるために掘った掘方から出土しています。

本郷キャンパスの中には加賀藩のほかに、支藩の大聖寺藩と富山藩の上屋敷も置かれていました。富山藩では一六六〇年頃の藩制の記録に〝この頃猫を飼うことが流行しており、売買などで騒がしいため、今後は猫をつなぐこと〟という記載があるそうです。猫の土人形が現れる一〇〇年くらい前から、既に猫の人気は高かったようです。

小林先生の My Cats

「ソロモン」一八歳（右）、「キトラ」一八歳（中央）、「マール」八か月（左）。

ソロモンとキトラは里親募集サイトから、マールは地域猫の会の保護猫です。

リーダーはソロモン。コソボ猫との混血で七・五キログラムもあります。

再録・本郷ネコ散策マップ

今年、創刊一〇〇周年を迎える週刊東京大学新聞。「本郷ネコ散策マップ」は第一九三四号（一九九六年九月一七日付）に掲載され、話題を集めました。

再録を通じて、二四年前の本郷キャンパスと猫の関係をお伝えするとともに、同記事を書かれた当時の記者で、東京大学新聞社理事の竹内靖朗さんにお話をお伺いしました。

緑豊かな本郷キャンパスには、ヒトの他にもたくさんの生き物が生息しています。なかでもからすと並んでよくお目にかかるのは、ねこです。ねこといえば駒場のコマネコが有名（?）ですが、どこの大学のキャンパスにも住みついているそうで、おもしろいですね。なかにはそのキャンパスのちょっとした有名人（有名ねこ）なんていたりして。この木々に囲まれた広い空間にはどんな表情を持ったねこがいるんでしょう。暑さもおさまった九月の本郷キャンパスを、そんな気まぐれな彼らを探しに歩いてみました。

医学部附属病院のなかには、意外とねこがたくさんいました。ここの人たちと仲良しそうで、ちょっと嬉しくなりました。ところがこの学内郵便局のそばでみかけた彼、上品そうな見かけからかつんとしてこちらには目もくれません。首輪をつけているけど飼いねこでしょうか。くやしいので落ちていた木のつるをしむけると、喜んでじゃれていました。やっぱりねこです。

医学部図書館と剣道場にはさまれた藪のなかで、何やらねこが集会を開いていました。カメラを向けるとこのきょとんとした表情。今日は何をして遊ぶのか相談しているのでしょうか。たくさんの木々と様々な建物が交錯するこの空間は、彼らにとってパラダイスかも知れません。このねこは人一倍（ねこ一倍）臆病ですから、遭遇したら怖がらせないように。逃げ足も速いですよ。

山上会館へ通じる坂の途中で何やら相談しているねこたちにあいました。どうやら誰かにもらったえさをみんなで分けようとしているようです。話を聞くとどうやら近所の人達がときどきこうやってえさをあげに来てくれるらしく、ねこたちも楽しみにしているそうです。そういえば三四郎池でもねこ缶をあげているおじさんがいたな。ここのねこはしあわせだねえ。えっ、話を聞いたのはもちろん……のほうです。

豊かな自然のにおいが感じられる三四郎池。小学生がザリガニつりに熱中し、ほとりには絵筆をとる人も。ここでは何匹ものねこに会いました。水をのむねこ、じゃれあうねこ、えさをねだるねこ。あまりの居心地のよさにこの池に住みついちゃったねこもいるのでは。勉強の手をとめて、たまには息抜きに三四郎池におりてみてはいかが。きっと彼らに会えると思います。でもジンクス（＊1）通りに留年、なんて……。

安田講堂の建物にある保健センターから第二購買にかけての広場は、ねこたちのお昼寝スポットです。ときにはウルトラC級の（?）格好で寝ているねこをみかけます。あれ、建物の窓枠にのぼってガラスに向かっていている奇妙なねこが……。と思っていたら窓が開いて、中に入っていくではありませんか。そこでどんなご馳走をもらっていることやら。それにしても人間を手なずけるなんてすごい。

＊1　駒場キャンパスにある「一二郎池」を訪れると留年するというジンクスがあり、同様に、本郷キャンパスにある三四郎池を訪れると留年するかもしれない、ともいわれていた。

工学部四号館の横の並木通を歩いていたら、垣根からねこが顔を出したのでびっくり。声をかけたところ全く相手にされず、舌を出されてしまいました。どうやら二匹で追いかけっこの途中だったようです。この後ドーバー海峡（＊２）に行ったらまだ工事中で通れませんでした。ねこは橋をわたって農学部キャンパスに行くのかしら。

弥生門を利用している人は、門の前で番ねこ（?）をしているねこをみたことがあるかも知れません。ここは近所の住宅の飼いねこのたまり場なのです。夕方暗くなって、本郷キャンパスを後にしようと門を通ろうとしたら、闇に紛れて密会しているねこをみかけました。この後どこかの集会に二人ででかけるところなのでしょうか。それともひょっとして不倫……?

＊２　農学部のある弥生キャンパスと本郷キャンパスの間にある言問い通りはドーバー海峡と呼ばれていた。

歩き終えて

最後に紹介になりますが、農学部には病院があります。もしけがしているねこを見つけたら、つれてくるといいかもしれません。

今回ねこを求めて風変わりな散策をしてみましたが、彼らは神出鬼没ではないように思いました。三四郎池を中心とした豊かな緑のあるところに、よくいるようです。これから涼しくなって散歩にはもってこいの季節、あなたもねこを探してみては。もちろんあの人と二人で?　いずれにせよえさの一つも持っていたほうが仲良くなれるし、ねこに舌を出されるなんてことはないでしょう（笑）。

週刊 東京大学新聞 1996年9月17日 火曜日 第1934号

本郷ネコ散策マップ

弥生門

工学部

安田講堂

三四郎池

医学部付属病院

医学部図書館

山上会館

歩き終えて

宮沢賢治も賞味？ 学食は学生の味方

岩手大学編 ぶらっと学食 カレーの覇者を目指して

竹内靖朗さん・インタビュー

記事を書いたのは、三年生の九月初旬です。駒場は駒猫が有名ですが、本郷にも猫がたくさんいることに気が付きました。

理学部物理学科に進学しましたが、講義が結構難しく、『週刊東京大学新聞』の活動もなかなかハードでした。

そのため、癒しが欲しかったのかもしれません。第一九三四号も、「本郷ネコ散策マップ」の隣の紙面は、丸山眞男先生の追悼記事でしたが、真面目な記事もありながら、少し息抜きができる記事もあった方がいいと思いました。実際、「こういう気楽に読める記事もいいね」という人が少なくなかったです。

竹内 靖朗
公益財団法人
東京大学新聞社理事

竹内さんの My Cats

実家で飼っていた「とら」（手前）。『男はつらいよ』の車寅次郎にちなんで命名されました。奥に見えるのは三毛猫の「みぃ」。

東京大学の猫たち　III

人と適度な距離感を保ちながら、猫たちもキャンパスで暮らしています。

白金台キャンパスの猫

21時過ぎに優雅に佇む姿を52頁に登場する渡邊学先生が特写(2018年7月18日)。キャンパスの西門付近で見かけることも多いそうです。

本郷キャンパスの猫

綺麗な三毛猫さんです。紙コップのなかに、何を見つけたのかな。撮影は、公益財団法人東京大学新聞社編集部の小田泰成さん。

猫と学問
その2
日本文学、歴史学、社会学、美術史学、経済史学、考古学、教育プログラムの視点から、愛らしい猫にまつわる東京大学の研究をお楽しみください。

懐徳館庭園にて。
撮影：梶野久美子（広報誌部会）。

猫と日本文学①

『吾輩は猫である』に見る「皮膚」の「彩色」の政治学

小森 陽一

東大で、猫に関連した文学作品といえば、やはり『吾輩は猫である』でしょう。

夏目漱石研究の第一人者である小森先生が、登場する猫たちの名前と毛の色の関係を発端に、日清戦争、日露戦争、「黄禍論」から帝国主義までに至る人類の歴史を読み解きます。

猫たちの毛は人種の別を意味している⁉

漱石夏目金之助（一八六七〜一九一六）の最初の小説は「吾輩は猫である。名前はまだない」（以下、本文の引用は岩波文庫版による）とはじまり、末尾の一文は「名前はまだつけてくれないが、欲をいっても際限がないから生涯この教師の家《うち》で無名の猫で終るつもりだ」となっている。一度捨てられた後に拾われて、中学校の英語教師の家の飼い猫になったにもかかわらず、「名前はまだつけてくれない」と、その無名性が強調されていることになる。

「吾輩」以外の猫は名前あり

たしかに他の登場猫たちには「名前」がある。冒頭の二文を自己紹介がわりに使用したところ「何、猫だ？　猫が聞いてあきれらあ」と「気焔を吹」いたのが「車屋の黒」。「産まれた」ばかりの「玉のような子猫を四疋」「書生」に「裏の池へ」「棄て」られてしまった「軍人の家」の猫は「白君」。そして「代言の主人を持っている」のが「隣りの三毛君」で、「人間が所有権という事を解していないと大《おおい》に憤慨している」のである。

たしかに名前はついているのだが、「車屋の黒」が「純粋の黒猫」であり、「太陽は、透明なる光線を彼の皮膚の上に抛《な》げかけて、きらきらする柔毛《にこげ》の間より眼に見えぬ炎でも燃え出でるように思われた」と描写されているように、要するに猫たちの「名前」は特別な固有名ではなく、その毛の色に過ぎない。

この事実に気づいてみると、「吾輩」に「主人」が「名前」をつけてくれないのは、その毛の色としての「皮膚」の色が、原因の一つになっていたのではないかと推察出来る。なぜなら、「吾輩」の「皮膚」の色は「波斯《ペルシャ》産の猫の如く黄を含める淡灰色に漆の如き斑《ふ》入り」だったからである。あまりに複雑すぎて、猫の「名前」にするのは不可能である。

苦沙弥先生の肌は淡黄色

しかし、より重要なのは、「吾輩」の毛の色が、「主人」の「皮膚」の色と酷似しているという事実だ。「主人」は「胃弱で皮膚の色が淡黄色を帯びて」おり、後に「種《う》え疱瘡」に失敗したために「顔一面に」「あばた」（九章）があることも明らかにされる（漱石自身の実像と重ねられている設定）。「吾輩」自身の「黄を含める淡灰色に漆の如き斑入り」の「皮膚」と対応していることは明らかである。飼い猫と主人を対で考

小森陽一 文
東京大学名誉教授
専門は日本近代文学。著書に『漱石論――二一世紀を生き延びるために』（岩波書店、二〇一〇年）、『漱石深読』（翰林書房、二〇二〇年）ほか。

えると、「黒」は「車屋」、「白」は「軍人」、「三毛」は「代言」（弁護士）なのだから、いずれも明治維新後「文明開化」「富国強兵」「脱亜入欧」を目指している大日本帝国という国家の中で、新たに生み出された職業であることがわかる。もちろん「吾輩」の「主人」は、「中学校」の「英語」の教師なのだから、それも明治以後に成立した職業であることは言うまでもない。

「所有権」を「解していない」「人間」に対して、「我ら猫族」は、「人間と戦ってこれを剿滅《そうめつ》せねばならぬ」と猫たちは考えている。『吾輩は猫である』が一回読み切りの予定で、俳句雑誌『ホトトギス』に発表されたのが一九〇五年の一月。日露戦争二年目の正月であり、一月一日に旅順のロシア軍が降伏し、その戦勝ニュースに大日本帝国中が沸いているときであった。しかし一九〇四年八月二一日から、乃木希典司令官の下で始められた旅順攻撃は、大きな損害を出していた。一三万を投入した日本軍の死傷者は五万九〇〇〇人であった。

しかし日清戦争のときは、わずか一日で東洋一と言われていた旅順要塞を占領したのであった。最初の新聞連載小説『虞美人草』（一九〇七年六月二三日〜一〇月二九日）の、外交官であった父が外国で客死した甲野さんは、日露戦争について「日本と露西《ロシ》亜《ア》の戦争じゃない。人種と人種の戦争だよ」と言い切っている。黄色人種同士の戦争であった日清戦争のときは、わずか一日で犠牲者無しで落とすことの出来た旅順要塞は、黄色人種と白色人種の戦争としての日露戦争では、一三〇日の激戦で莫大な死傷者を出したのである。

人種は皮膚の色で差別化する

「人種と人種」の違いは、「皮膚」の色で差別化するのである。漱石夏目金之助がロンドンに留学していたとき、イギリス人の差別的眼差しを内面化している。『ホトトギス』（一九〇一、２）に載った、「倫敦消息」と名付けられた正岡子規宛の私信の中で、漱石夏目金之助は、次のように自分の「皮膚」の色に言及していた。

……我々黄色人――黄色人とは甘《うま》くつけたものだ。全く黄色い。日本に居る時は余り白い方ではないが先づ一通りの人間色という色に近いと心得ていたが、この国では遂に人間を去る三舎色と言わざるを得ないと悟った――。

日露戦争の開戦の大きな要因の一つが、黄色い肌をした日本人の世界的進出を警戒する「黄禍論」（Yellow Peril）であった。日清戦争の最終段階で、ドイツ皇帝ウィルヘルム二世が、黄色人種の脅威を主張し、日本嫌い（大津事件の記憶）のニコライ二世を焚き付けて「三国干渉」を行ったときの中心が「黄禍論」であったことを忘れてはならない。このとき以来「臥薪嘗胆」を合言葉に、日清戦争で獲得した莫大な戦争賠償金を軍事費に注ぎ込み、大日本帝国は日露戦争開戦へと突き進んでいったのである。人間の「皮膚」の色をめぐる人種的差別と、帝国主義的な戦争との連続が、猫の毛の色から喚起されて来るのである。

一高と山口進と夏目漱石

ある日のこと。千駄木のとある家の門前には一箱の饅頭が置かれていました。「ご自由にどうぞ」と書かれた添え札を見た若き日の山口は、饅頭を欲し、まずは挨拶をとその家を訪れます。応対したのは、第一高等学校教頭・齋藤阿具の血縁者でした。これを機に一高に雇用された山口は、寮務掛として勤めながら様々な絵画・版画作品を残し、一高の校章もデザインしました。

饅頭が置かれていたその家は、かつて夏目漱石が住み、『吾輩は猫である』を執筆した場でした。

山口進『猫』一九五八年(東京大学大学院総合文化研究科・教養学部駒場博物館所蔵)。

他にも『猫と干し柿』『猫と梅の盆栽』など猫を題材にした山口作品が駒場博物館に残されています。

山口進『車やの黒』一九三六年（東京大学大学院総合文化研究科・教養学部駒場博物館所蔵）。車屋とは人力車夫のこと。

猫と歴史学

東京大学所蔵史料から見る

鼠を捕る益獣としての猫

藤原 重雄

今はかわいいペットとして飼われている猫ですが、以前は他にも飼われる理由がありました。
昔の人々が重宝したのは、猫が鼠を捕る力。「猫かわいがり」だけでは見えない、益獣としての猫と人間社会の関係を、東大の史料を通して、歴史家に解説していただきましょう。

左に掲げた図1は、幕末の浮世絵師・歌川国芳（一七九七〜一八六一年）の「猫の妙術」という多色刷の版画である。いささか〈かわいい〉とは言い難い大きな猫が巻物を抱え、憤ったような様子の武士が座っている。思い思いにくだけて力のない姿の猫たちが大猫を囲み、捕えられた鼠が横たわる。画面上部に説明書きが備わった異版「古猫妙術説」（＊1）を参考にすると、画題は『荘子』の思想をくだいて説明する寓話で、武道の奥義が説かれている（佚斎樗山『田舎荘子』（＊2）所収）。

ある剣術家（なるほど木刀が横に置かれている）は、家に居座る大鼠に困っていた。大鼠を恐れるあまり、飼い猫に捕らせようにも逃げ出し、鼠取りと評判の近所の猫何匹を集めても尻込みし、自ら木刀を振っても退治できない。そこでとうとう、六・七町先より、鼠取りで比類なきと名高い古猫を借りて来たが、見たところ、利口そうでも、俊敏そうでもない。しかしその古猫を大鼠のいる部屋に入れると、大鼠はすくんで身動きができず、古猫はのろのろと歩いて大鼠を捕えた。その夜、大鼠を捕え損なった猫たちが、古猫を囲んで鼠を捕える妙術について教えを乞う。その問答が続き、剣術

＊1　稲垣進一・悳俊彦『歌川国芳　いきものとばけもの』東京書籍、二〇一八年。三八としてカラー図版を掲載する。

＊2　中野三敏校注『新日本古典文学大系』八一（岩波書店、一九九〇年）の他、高橋有訳・解説『新釈 猫の妙術』（思草社、二〇一八年）のような自己啓発本も刊行されている。

図1
歌川国芳「猫の妙術」弘化四（一八四七）～嘉永三（一八五〇）年（東京大学史料編纂所蔵『維新前後諷刺画』四所収）。

藤原 重雄 文

史料編纂所（画像史料解析センター兼任）准教授

専門は日本中世史。院政期編年史料集の編纂を担当、公家・寺社史料の調査に従事、とくに絵巻・屏風などの絵画史料を研究対象としている。

著書に『史料としての猫絵』（山川出版社、二〇一四年）。

家も加わって、武道の奥義が語られる。この絵の古猫が抱える巻物は、「虎の巻」ならぬ「猫の巻」というわけである。

鼠退治のために猫を貸し借り

寓話の本筋とは関係ないが、鼠退治に近所から猫を借りてくる習慣が話の前提となっている。そうした近所づきあいが、都市的な場では一般的にありえたのだろう。実際、鼠退治のための猫の貸し借りは、時代を遡って、豊臣秀吉の時代に京都で暮らした公家の日記にも確認される。

図2は、山科言経《やましなときつね》（一五四三～一六一一年）の自筆日記『言経卿記』で、文禄四（一五九五）年一一月二九日条に「岸根九右衛門尉へ猫を返しおわんぬ。四・五日借りおわんぬ」とある。岸根については詳細が明らかでなく、この記事のみでは猫を借りた理由もはっきりとは記されていないが、同じ頃の西洞院時慶《にしのとういんときよし》（一五五二～一六三九年）の日記『時慶記』には、猫がときおり姿をみせる。例えば慶長九（一六〇四）年閏八月三日条では、「鼠狩りに猫を入る」、同一五年閏二月二〇日条「夜猫を天井に上げ候」と鼠退治に猫が使われ、散見する猫の貸借記事はそのためとみられる。「猫の手も借りたい」どころか、鼠退治には有能な猫を借りて来るものであった。

同じ『時慶記』慶長七年一〇月四日条には、「猫を繋がないようにという命令が一、三か月前に出され、猫が迷子になったり、犬に噛み殺されることが多い」と記されている。今日の「ペットを放し飼いするな」とは逆である。猫を放し飼いにせよというからには、猫は繋いで飼うのが一般的な習慣であったことになる。実際、古くは『源氏物語』若菜上で、柏木が女三の宮の姿を垣間見する場面では、逃げ出した唐猫の綱

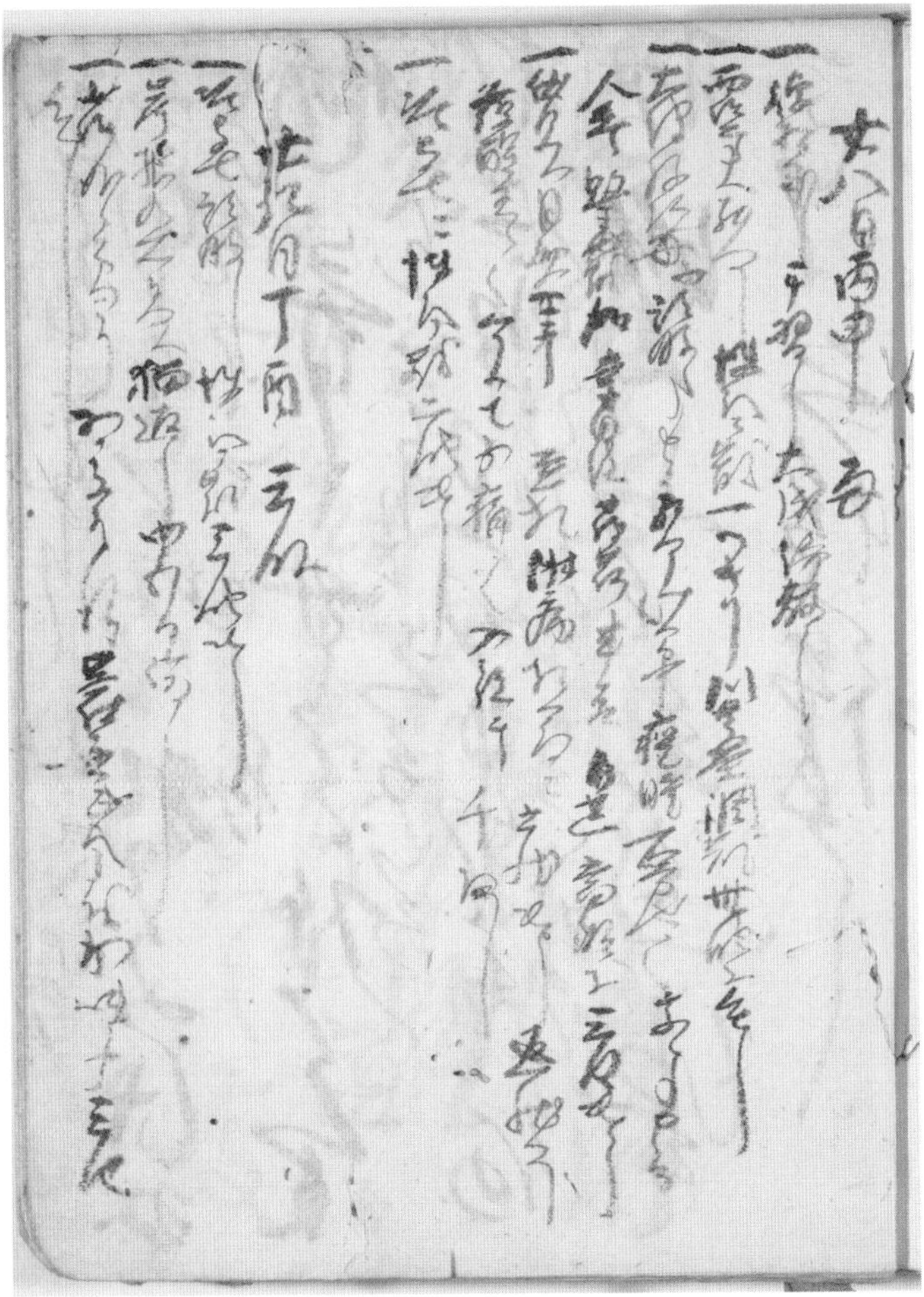

図2　山科言経『言経卿記』文禄四年（一五九五）一一月一九日条（東京大学史料編纂所蔵）。『大日本古記録』として翻刻がある。

▲一、岸根九右衛門尉へ猫返了、四五日借了、

が御簾をからげ上げている。一四世紀の『石山寺縁起絵巻』には、綱に繋がれた猫が民家の戸口へ出てきている様を描いている。俳諧の言葉として「猫綱《ねこつな》」は、言うことを聞かない、強情張りを意味するものとして残った。一六世紀ごろまで、猫は繋いで大事に飼う習慣が根づいていた。

猫は繋ぎ飼いから放し飼いへ

図3は、江戸時代前期に出版された御伽草子（渋川版）の一冊『ねこの草紙』から、最初の挿図である。徳川の平和を称え、慶長七年八月中旬に京都に立てられた高札が話の発端となっている。「洛中の猫の綱を解き、放ち飼いにすべし。同じく猫の売買を停止すべし」。文面が正確かは不明ながら、この種の高札が立てられたことは、先の『時慶記』との符合から確実である。猫は自由を謳歌したが、慣れぬことゆえ迷子になり、飼い主は猫の首に名札を付けた。

猫に関する法令は、これ以前の天正一九（一五九一）年に、聚楽第の城下へ出されたものが早い（三雲家文書）。三カ条で、猫の盗み取り、他所から離れて来た猫の捕獲、猫の売買を禁止する。猫の放し飼いを命ずるものではないが、放し飼い状況となって生じてきた犯罪を禁ずるものである。

猫は昔から鼠を捕っていた。しかし放し飼いにして鼠害対策とするのは、猫へのまなざしの社会的な変化である。一六世紀の都市では、猫は益獣として注目され、放し

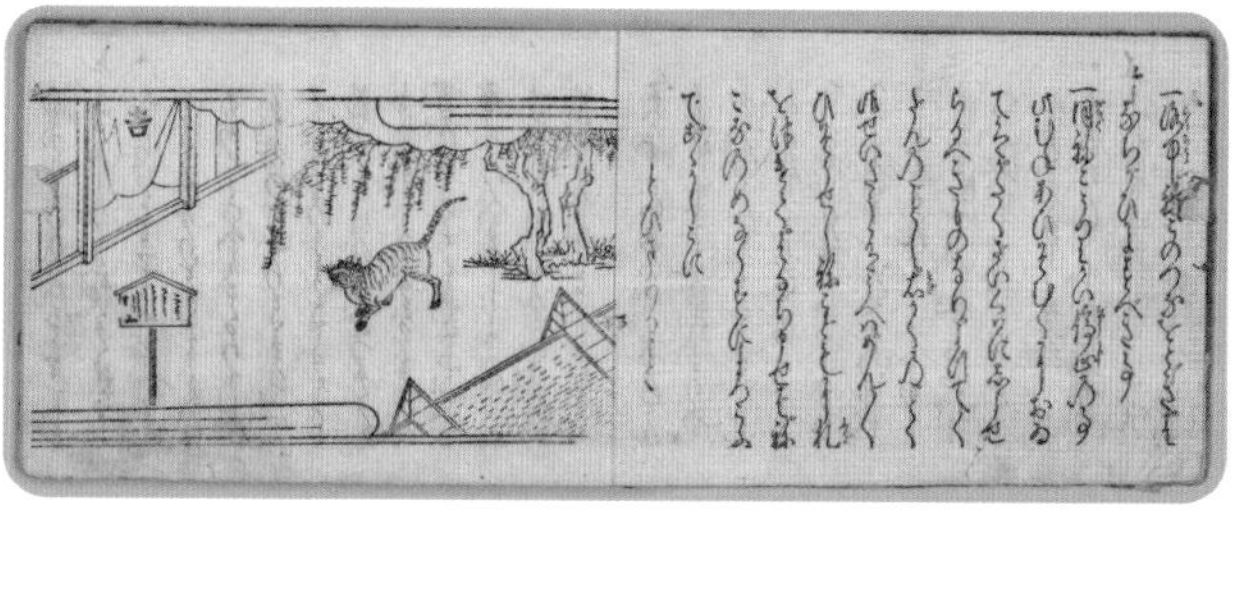

図3　『ねこの草紙』渋川版御伽草子（東京大学総合図書館蔵）。

飼いにする動きがあった。猫の窃盗・売買の禁止は、急激な猫需要の増大から、放たれた猫を盗んでは転売する輩が現れたことを意味する。戦国時代の合戦には人狩り・人身売買が伴っており、猫にもその余風は免れまい。一六世紀中頃の上杉本「洛中洛外図屏風」には、町中の犬をおびき寄せて捕える人物が描かれている。放し飼いの推進には、財産であり、愛玩の猫を失う懼れを抑える禁制が必要である（＊3）。

　都市住民の自発的な動向と、統治者による働きかけとの関係については、どちらを重視するのか、どのような相互のダイナミズムを想定するのか、さまざまな時代・地域・事象を扱って、歴史学では議論されてきている。中世から近世への移行期における京都での「猫の放し飼い」への転換には、生活の知恵や相互扶助のみならず、政策的な要因が大きく働いているとの感触を持つ。

　一八世紀半ばに成立した若狭小浜の地誌『拾椎雑話《しょうすいざつわ》』は、寛永一三（一六三六）年頃と推定される猫放し飼い令を引用して、「今では大いに変りたること」と評している。一〇〇年程度で記憶が風化しているのを、「猫の目が変わるように」とまでは譬えにくいが、猫の飼い方のような生活習慣であっても、すっかりと様変わりすることがある。その背景には、社会の動向や日常生活の細部に入り込む権力が控えている。猫にとっての幸せも、『ねこの草紙』が徳川政権を称揚するようには、単純でもなかろう。猫とその図像を見る際にも、歴史的な意識を持つことで、見え方が異なってくる。典拠を含め、さらに詳しくは、黒田日出男『歴史としての御伽草子』（ぺりかん社、一九九六年）や筆者の著書（一〇三頁）をご参照ください。

＊3
　これを犯罪と名指し処罰を加える統治の機能に留意したい。杉山和也「日本に於けるネコの認識――猫またの出現をめぐって」（『平成二十五年度名古屋大学大学院国際言語文化研究科　教育・研究プロジェクト「文化創造の展開および発展」報告書』二〇一四年）は、ここで野良猫を持ち出すが、列島に生息したネコ全体を扱っているわけでなく、論点がずれている。むしろ筆者の関心は、ポイント還元と引き換えに個人の消費活動情報を提供するか、オリンピックを理由とするセキュリティ強化に従順であるか、安心安全を理由とした都市の樹木伐採を推進すべきか、といった一連の現代の問題系に連なっている。

江戸で見世物となったツシマヤマネコ（？）

斎藤月岑《げっしん》（一八〇四〜七八年）は、代々にわたる神田の町名主で、祖父の代から編まれた『江戸名所図会』を刊行するなど、江戸の地誌・考証の著述をなし、その四六年間にわたる日記は、市井の風俗をよく記録に留めている。二〇一六年に、史料編纂所で編纂する『大日本古記録』として全巻の翻刻が完了した。この記事は、両国橋のたもとで興行されていた虎の見世物を見たというもので、虎ではなく猫の一種であったとしている。

同じ見世物は『藤岡屋日記』にも記録されている。記主の須藤由蔵（一七九三〜？）は江戸の町人で、古本の販売とともに、幕府の法令から市中の噂までを記録し、その閲覧料で生計を立てた。明治元（一八六八）年に至る六五年間の日記原本は、一九二三年の関東大震災で、所蔵していた東京帝国大学附属図書館にて焼失し、転写本から翻刻刊行されている。そこでは「対馬で生け捕りした珍獣」と喧伝されていたことが分かる。また随筆『きのまにまに』

東京大学史料編纂所編纂『大日本古記録　齋藤月岑日記』一〇（岩波書店、二〇一六年）。

（著者不詳）によると、鳴き声が聞こえぬよう鳴り物で誤魔かしていたという。尾が太くて長いのはヤマネコの特徴で、ツシマヤマネコだったのだろう。

『斎藤月岑日記』嘉永四年（一八五一）一〇月二一日条（東京大学史料編纂所蔵）。

（図に付けられた注記）
豊後より生取由、
小犬の大サ、
尾甚太し、
生餌を食す、
甚太り、
地薄鼠、
茶色の斑アリ、
木戸銭三十二文、
桟敷十六文、

口語自由詩の地平を拓いた詩人

萩原朔太郎の猫は……

エリス俊子

近代詩に新地平を拓いた詩人の作品には、数々のいきものが登場します。

中でも鮮烈なのは、猫。変幻自在で神出鬼没？　萩原朔太郎の猫世界に、日本近代詩の研究者が誘います。墓場、湿地、異界、街路、夜空……。猫たちはどこにいるのでしょう。

どこにいるのでしょう。一九一七年刊行の第一詩集『月に吠える』で犬の遠吠えを響かせていた萩原朔太郎（一八八六〜一九四二年）は、一九二三年刊行の第二詩集を『青猫』と名付けます。そして表題作で次のようにうたいます。

ああ　このおほきな都会の夜にねむれるものは
ただ一疋の青い猫のかげだ
かなしい人類の歴史を語る猫のかげだ
われの求めてやまざる幸福の青い影だ。

（「青猫」部分）

朔太郎いわく、「青猫」とは、英語の blue の「希望なき」「憂鬱なる」「疲労せる」の意味を含み、「物憂げなる猫」のことだと、そして詩集の題名の『青猫』は、「都会の空に映る電線の青白いスパークを、大きな青猫のイメーヂに見てゐる」のだということですが、都会の夜空には、一体どんな青白いスパークが煌めいていたのでしょう。

得も言われぬ魔力をもつ猫たち

『青猫』とその直後の時代、朔太郎の詩にはいくつもの猫が登場します。いずれも、この世ならぬ姿をした猫たちばかりです。緑色の笛の音にのって蜃気楼のようにやってくる幻像は「くびのない猫のやう」で「墓場の草影にふらふら」しています（「緑色の笛」）。春の夜に黒髪を床に広げて麝香の匂いを放つ女の屍体は「ひとつのさびしい青猫」となり（「石竹と青猫」）、「蛙どものむらがってゐる／さびしい沼沢地方」では「浦」と呼ばれる心霊の女が「猫の子のやうにふるゑて」います（「沼沢地方」）。そして、「しつとりと水気にふくらんでゐる」墓場の景色のなかで「びれいな瓦斯体の衣裳」を引きずってさまよう女は、いつのまにか「泥猫」となり、あるいは「水気にふくらんでゐる」景色そのものが「泥猫」に変したのか……心霊の女との密やかな逢瀬のあと、この一篇は、「泥猫の死骸を埋めておやりよ」の一行で終わります（「猫の死骸」）。

猫はどこまでも艶かしく、せつなく、蠱惑的で、墓場の夢の女となって私を誘《いざな》います。私の心象風景に偏在し、消滅しては立ち現れる猫。私は優しい猫＝女を求めて、薄暗がりの異界の空間を彷徨するのです。「浦」という女の名前はエドガー・アラン・ポーの詩にある Ulalume と呼ばれる死んだ恋人の名前を思い起こさせます。朔太郎

エリス俊子
総合文化研究科教授
専門は日本近代詩、モダニズム文学など。著書に『萩原朔太郎——詩的イメージの構成』（沖積舎、一九八六年）、「モダニズムの身体——一九一〇年代〜一九三〇年代日本近代詩の展開」中央大学人文科学研究所編『モダニズムを俯瞰する』（中央大学出版部、二〇一八年）ほか。

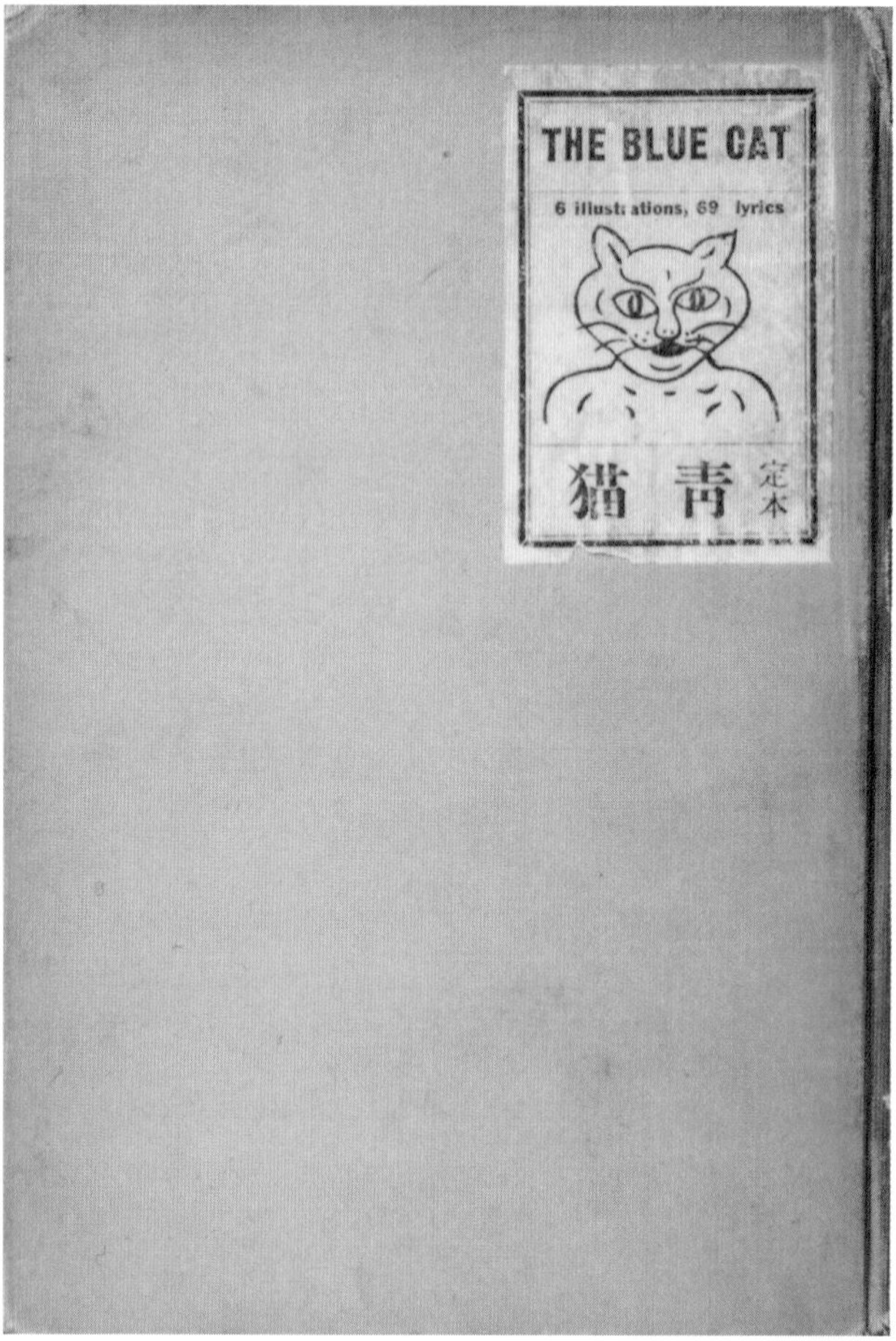

『定本青猫』（版畫荘刊、1936 年初版）の函には萩原朔太郎自身の
イラストレーションが使われていました（水と緑と詩のまち前橋文学館提供）。

自身、後年刊行された『定本青猫』では、「沼沢地方」と「猫の死骸」の二篇の題のあとに、「ula と呼べる女に」と小さく書き添えています。

一方で、「浦」という漢字から想起される、陸地が湾曲してできた入江のイメージは、水をたたえた子宮への夢想を導き、胎内回帰願望にもつながります。朔太郎の猫の背後には、ポーのほかにも、からだに「エレキ」をはらみ、あるいは金粉の神秘の瞳を輝かせるボードレールの猫たちや、鋭い爪を隠して女と重なり戯れるヴェルレーヌの猫など、世紀末以降の数々の猫たちが影絵のように飛び交っています。

ヨーロッパ世紀末の詩に親しみ、近代日本の魔的な魅力と底知れぬ不気味さを肌身に感じながら詩作をつづけた萩原朔太郎は、大正から昭和期の日本語の詩に、得も言われぬ魔力をもつ猫たちを登場させました。

猫たちは何ものか

『青猫』に先立つ『月に吠える』には、次の一篇があります。

『おわあ、こんばんは』
『おわあ、こんばんは』
『おぎやあ、おぎやあ、おぎやあ』
『おわああ、ここの家の主人は病気です』

（「猫」部分）

『猫町』（版画荘、1935年）装幀・萩原朔太郎案、
川上澄生画（水と緑と詩のまち前橋文学館提供）。

と叫んでいるのは「まつくろけ」の二匹の猫です。そして、さらに『青猫』刊行より十年余り、一九三五年には「散文詩風な小説《ロマン》」として「猫町」を発表します。

瞬間。万象が急に静止し、底の知れない沈黙が横たはつた。何事かわからなかつた。だが次の瞬間には、何人にも想像されない、世にも奇怪な、恐ろしい異変事が現象した。見れば町の街路に充満して、猫の大集団がうようよと歩いて居るのだ。猫、猫、猫、猫、猫、猫、猫。どこを見ても猫ばかりだ。そして家々の窓口からは、髭の生えた猫の顔が、額縁の中の絵のやうにして、大きく浮き出して現れて居た。

（「猫町」部分）

この猫たちが何ものか、興味のある人は、「猫町」を読んでみてください。あるいは、そっと夜空を眺めてみてください。都会の夜をそっくりと腕に抱く、青白いスパークにかたどられた大きな猫の影が感じられるかもしれません。

エリス先生の
My Cat

たくましい「ミーヤ」。ある日、家を出て根津の了になりました。

猫と社会学

猫ブームの理由

飼い主との間にある独特な関係性とは？

赤川 学

少子化の進展、犬と比べた場合の飼いやすさ、いわゆる「ＳＮＳ映え」……。猫ブームの理由として様々な指摘がされています。セクシュアリティや人口減少を論じる一方で二〇年以上も猫を愛してきた社会学者が、中でも鍵を握ると踏んでいる理由について解説します。

このところ空前の猫ブームである、らしい。

日本人の犬猫の飼育数（約二〇〇〇万匹）が一五歳未満の子どもの数（約一六〇〇万人）を越え、空前のペットブームだと騒がれたのが二〇一五年頃。近年は猫と犬の飼育数がほぼ同じになり、ＳＮＳでも愛らしい猫の画像や動画が人気を博している。

長年猫を飼ってきた身の上としては、「猫が可愛いのは、あたりまえ。やっと時代が追いついてきた」と言いたいところだ（笑）。しかしペットブームや猫ブームの背景には、やはりそれなりの社会の変化がありそうだ。

人々の意識の変化

たとえば筆者が二十数年前に猫を飼い始めたとき、「ペットも家族の一員」というような言い方は、まだ一般的ではなかった。家族を研究する専門の学会でも、「ペットは家族かいなか」が大真面目に論じられていた（反対意見も強かった）。だがいまでは「ペットは家族ではない」などといえば、他人から白い眼でみられてしまう。

これは家族の定義（境界設定）をめぐる人々の意識が変化し、愛情やケアの感情があるかぎり、ペットも家族であると人々が考えるようになったからである。なぜそうなったのか。

たとえば少子化が進んで、家族と呼べる人の数が減り、愛情を投射する対象が必要になったという面はあるだろう。また、共働きと都心回帰が進む現代日本では、猫は犬よりも鳴き声が小さく、毎日の散歩も必要ないので、飼いやすいという面もあるに違いない。

ただ個人的には、天寿を全うすれば二〇年近く一緒に過ごすことになる、猫と飼い主との独特の関係にこそ、猫ブームの鍵があるように思われてならない。

どこまでもいとおしく、かけがえのない存在

猫はそもそも自立心の強い動物であり、犬のようには懐かない。飼い主がどれだけ愛情を注いで世話したつもりでも、愛情を返してくれるとは限らない。なかには一生、懐かない猫もいる。

飼い主は、愛情とケアを猫に一方的に注ぐだけだが、それもまた楽しい毎日である。そんな日々だからこそ、猫がたまに飼い主に甘えてくれたとき、無上の喜びを感じることができる（実のところ猫は勝手に甘えているにすぎないが……）。もしかしたら現代

赤川学 文
人文社会系研究科教授
専門は社会学・言説研究。著書に『セクシュアリティの歴史社会学』（勁草書房、一九九九年）、『これが答えだ！少子化問題』（ちくま新書、二〇一七年）ほか。

駒場キャンパスにて。

社会では猫と人間のあいだにしか、このような「見返りのない愛」は成立していないのではないか。

また生まれて間もない猫を飼い始めた場合、猫と人間の関係性や役割も徐々に変化していく。飼い始めた頃は赤ん坊のようだが、すぐに成人して娘（息子）、愛人、妻（夫）のような関係となる。ときにはひとりごとの相談相手ともなってくれる。そして一〇歳をすぎると、老いと病を看取る老親のような存在になっていく。人間同士だと、さすがにこうはいかない。わずか二〇年足らずのあいだに関係や役割が変化し、重層化するからこそ、猫はどこまでもいとおしく、かけがえのない存在となる。

それゆえ、死に別れの悲しみや喪失感（いわゆる猫ロス）は、想像を絶するものがある。実際、七年前に愛猫・にゃんこ先生を看取ったとき、筆者も数年間、抜け殻のような人生を過ごした。筆者の周辺でも、猫ロスの辛さを耐え忍んでいる人が複数存在している。

してみると、猫と人間の関係性は人類史上もっとも深まっているのではなかろうか。いずれ人間との愛情や別れの辛さより、猫とのそれのほうが大きくなる人たちが登場するかもしれない。

筆者自身は、最近ようやく猫ロスから脱却し、三匹の猫を飼い始めた。しょうもない半生であったが、この猫たちを育て、看取るだけでも、自分の人生にも意味はあったと、今はただ、素直に思える。これはほんの一例に過ぎないが、猫が飼い主に生きなおす勇気をも与えてくれる時代が到来したように思われる。

赤川先生の My Cats

白黒ブチの「雪」（中央）、サバトラの「あかり」（奥）、黒キジトラの「ばん」（手前）。「あかり」と「ばん」は保護猫として受け入れたときの名前を継承したもの。

徽宗・春草・栖鳳
画猫の系譜

板倉 聖哲

近代日本画を代表する二人の巨匠、菱田春草と竹内栖鳳《せいほう》は、猫を題材にした名作を残しています。東アジア絵画史を研究する板倉先生によると、これらの作品は昔の中国の皇帝が描いた絵が下敷きになっていました。

時空を越えてつながる画猫の系譜をたどってみましょう。

渋谷区立松涛美術館では「ねこ・猫・ネコ」展（二〇一四年四月五日〜五月一八日）、「いぬ・犬・イヌ」展（二〇一五年四月七日〜五月二四日）と立て続けに開催されました。

展示作品は近現代の日本のものが中心で、ネコは実用的な側面ばかりでなく、神秘的で魅惑的、美しく気高く可愛らしい動物として、イヌは主人に忠実な性質から「人間の最良の友」と称され、最も人に親しまれる動物として造形化されてきた歴史を各々振り返るものでしたが、参観者数を比較するとネコ展の圧勝で終わりました。

受け継がれる「風流天子」の造形指向

中国皇帝の中でネコ派といえば徽宗《きそう》（一〇八二〜一一三五年、在位一一〇〇〜一一二五年）です。北宋第八代皇帝、徽宗は芸術や奢侈遊興に現を抜かし道教に耽った「浪子（遊び人）」、政治に疎く軽佻と評された亡国皇帝のイメージが定着していますが、宋王朝の文治主義のもと、宮廷文化の頂点に立ちながら、文人文化の達成をも引き受け、文化を主導した「風流天子」なのです。

徽宗には画猫の伝称作品が複数あり、中でも水戸徳川家伝来の伝徽宗筆『猫図』(図1)はその精細な描写において群を抜いています。画面いっぱいに描かれているのは斑猫一匹。猫の体躯は白色の短い細線による体毛によって覆われ、立体感が表されています。その一方で、体の輪郭は限りなく円形に近く、平面的な指向を見せます。

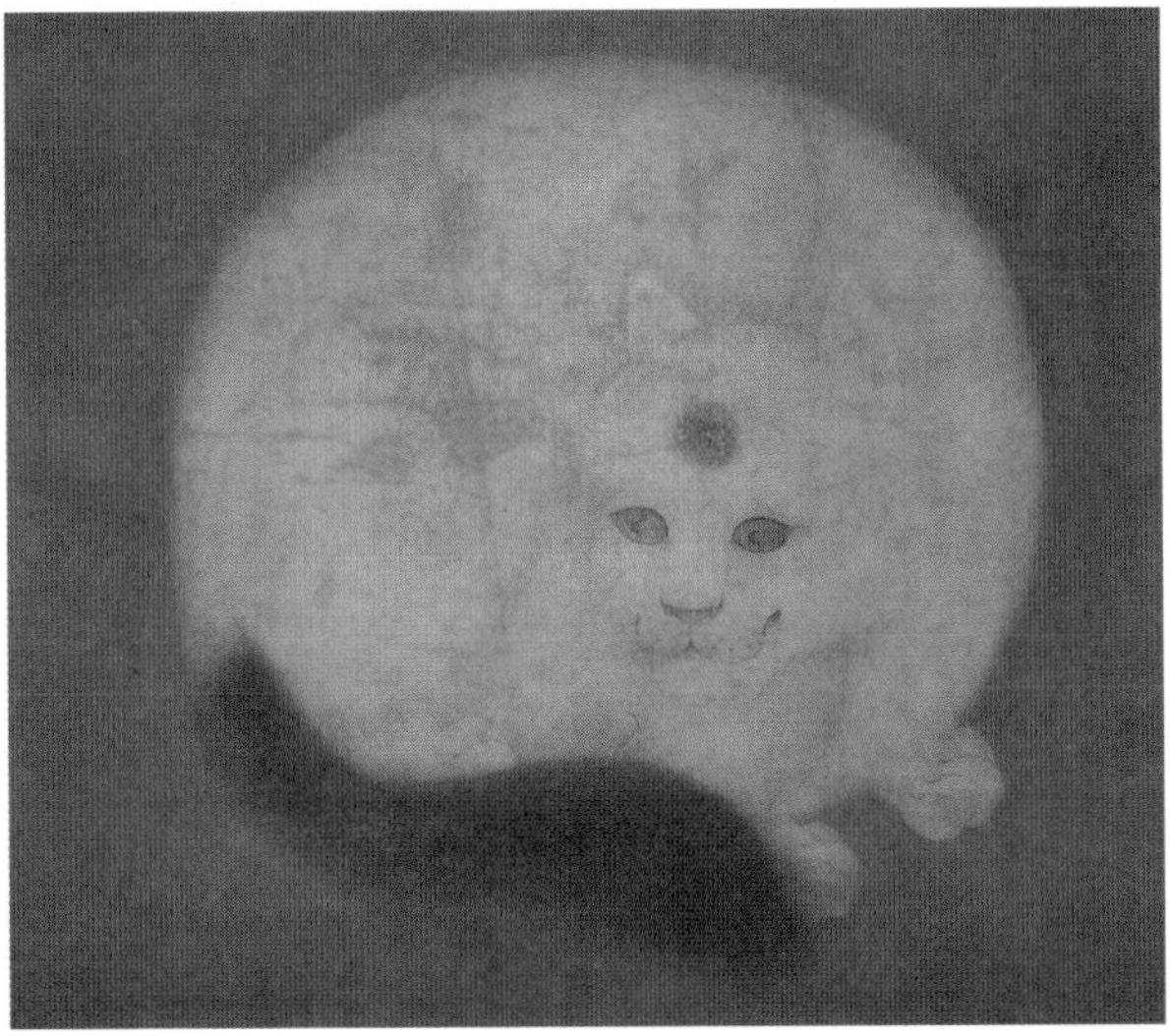

図1　北宋・(伝)徽宗『猫図』(個人蔵)。

板倉聖哲　文

東洋文化研究所教授

専門は中国を中心とした東アジア絵画史。著書に『李公麟「五馬図」』(羽鳥書店、二〇一九年)ほか。

徽宗が目指した装飾性と再現性、時代で言い換えれば唐と宋の「止揚」と見なせる造形指向が認められるのです。

中近世日本では徽宗の画猫を代表とする院体画が重要な「古典」として君臨し続けましたが、その意識は写生をより明確に意識した近代においても継承されました。近代日本において東西の巨匠による作品、つまり、菱田春草（一八七四〜一九一一年）の『黒き猫』（一九一〇年、永青文庫）と竹内栖鳳（一八六四〜一九四二年）の『班猫』（一九二四年、山種美術館）がありますが、実は共に徽宗の猫が「古典」として意識されています。

春草は岡倉天心（一八六三〜一九一三年）・橋本雅邦（一八三五〜一九〇八年）らに師事し、日本美術院創立に参加、横山大観（一八六八〜一九五八年）・下村観山（一八七三〜一九三〇年）らと共に「日本画」の変革を志しました。筆線を排し光線・大気表現を試みた作品群は「朦朧体」と呼ばれ、当時は激しい非難を浴びました。代表作とされる「落葉」「黒き猫」は共に重要文化財に指定されています。

春草最晩年の傑作『黒き猫』に見える写生と装飾の融和も徽宗の猫図からヒントを得たことが出発点です。一九〇一年制作の『白き猫』（図2）は細密な猫の描写とあっさりと面的に描いた梅樹の対比が鮮やかですが、この作品が水戸徳川家旧蔵本を基にしたことは一見して明らかです。春草はその後、幾つかの試みを経て『黒き猫』に至りました。

絵画から現実、そして再び絵画へ

春草は東京美術学校の嘱託教員となる直前に学校に中国絵画などの模本を教材として納入しましたが、その中には別の（伝）徽宗『猫図』（図3）が含まれます。

図2　菱田春草『白き猫』（春草会所蔵）。

図3　菱田春草、（伝）徽宗『猫図』模本（東京藝術大学所蔵）。

この『猫図』は徽宗の画風が直接反映しているとは言い難いのですが、江戸時代には有名な徽宗の『猫図』だったはずです。

実はこの画こそが徳川宗家の所蔵で、栖鳳が『班猫』制作において念頭に置いたものなのです。栖鳳は京都画壇の総帥として文展・帝展に君臨した画家で、〈東の大観、西の栖鳳〉と並称されました。彼は沼津で遭遇した八百屋の猫を「徽宗皇帝の猫」と見て、早速譲り受け、京都に連れ帰って日夜眺めては描写に勤しみ、完成させたのが『班猫』（図4）という逸話が伝わっています。近年、海の見える杜美術館所蔵の膨大な栖鳳関連写真資料の中からその猫の写真（図5）が見出されました。

絵画から現実、そして再び絵画へ。絵画と現実の往還、ここに写真が介在した可能性があったことになります。近代美術は西洋美術、写真によって大きく方向性を変えたのですが、画猫をめぐる課題が近代美術自体の向き合った課題に重なってくるのです。

図4　竹内栖鳳『班猫』重要文化財（山種美術館所蔵）。

図5　竹内栖鳳が『班猫』を描いた際にモデルにした猫（海の見える杜美術館所蔵）。

猫と経済史学

生殖の統御は完全に正当化しうるか？
野良猫のいる社会といない社会

小野塚 知二

世界各地の野良猫事情を観察してきた小野塚先生によれば、世界は野良猫がいるか否かで二分できます。

野良猫と非野良猫はどちらが幸せか。人間にとってはどちらの世界が幸せか。書棚に猫本のコーナーを設けている経済史家が、経済史を超越した難問を投げかけます。


世界は、野良猫のいる社会といない社会とに二分できます。現在、野良猫のいない地域は、極地や砂漠など猫が生存できない自然環境を除くなら、野良猫を人為的に消滅させた社会です。

具体的には、現在のイギリスやドイツは野良猫がほとんどいません。イタリア、クロアチア、ギリシア、エジプトなど地中海沿岸と、アジアのほとんどの国々は野良猫がいます。ただし、日本やイタリアの都市部では、いま、野良猫を減少させている地域が徐々に増えています。

猫と人の長い歴史

猫と人の関係は農耕文明の定着に遡ります。穀類・豆類の栽培と備蓄を始めると、それを好む鼠や小鳥が耕地および人の居住地周辺に集まり、それら小動物を捕食するヤマネコも人の居住環境に留まるようになったのです。以後、猫（イエネコ）は人の農耕・居住環境に現れる鼠・小鳥を捕獲し、また人の残飯や祭祀用の供物などを餌として生存してきたために、猫にとっては、人の環境にいながら、人からは相対的に自立して自由に歩き回り、餌を獲得するという野良猫の状態が、人との関係において存在し続ける最も主要な態様でした。

猫と人のこうした長い歴史を考慮するなら、野良猫を飼猫（人の所有権や保護・管理の下にある猫）の補集合と定義するよりも、猫の生態に注目して、人間から自立して戸外を行動することのできる猫と定義する方が適切でしょう。

この定義では、同一個体がある時間は誰かの家で給餌され、休息する（飼猫としてふるまう）が、別の時間には独りで外を歩き、他の猫と交際し、餌（小動物）を捕獲する、いわゆる半野良も野良猫の範疇に含まれることになります。近頃では、こうした半野良猫と野良猫を合わせて「自由猫」という語も用いられ始めています。

半野良の中には、複数の家を渡り歩いて、多くの人の愛玩を恣《ほしいまま》にしながら、行動の自由も確保している猛者もいます。むろん野良の中には、入り込むことのできる人家を持たない完全な野良猫もいます。半野良と完全野良は、独りで自由に外を歩いて他の猫と交わりうるという点で共通しており、非野良猫（完全に人の保護管理下にある飼猫＝「座敷猫」）とは生態が根本的に異なります。

イエネコの歴史はこの意味での野良猫の歴史ですが、「動物愛護先進国」のイギリスやドイツでは二〇世紀中葉から、「飼主のいない不幸な猫」をなくすという趣旨で野良猫の飼猫化に取り組み、約半世紀で野良猫は消滅しました。上述の野良猫

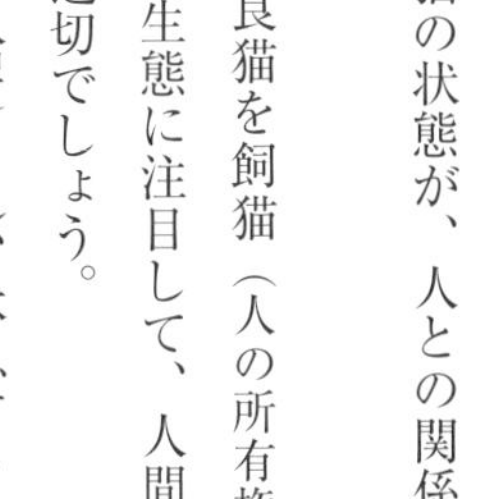

小野塚 知二

経済学研究科教授

専門は西洋近現代社会経済史。政治経済学・経済史学会理事、社会政策学会査読専門委員。著書に『第一次世界大戦開戦原因の再検討——国際分業と民衆心理』（編著、岩波書店、二〇一四年）、『経済史——いまを知り、未来を生きるために』（有斐閣、二〇一八年）、『大塚久雄から資本主義と共同体を考える——コモンウィール・結社・ネーション』（梅津順一氏と共編著、日本経済評論社、二〇一八年）ほか。

イタリア北東部の古都ゴリツィアのお屋敷の庭に住む野良猫。プーラもこのゴリツィアもオーストリア＝ハンガリー帝国領でしたが、現在のオーストリア共和国とは異なり、野良猫があちこちにいます（上）。

同じくプーラの魚料理のレストランを出入りする半野良猫（下）。

小野塚先生撮影の
世界の猫たち

長崎市・皓臺寺門前の半野良猫（手前）と野良猫（上）。
クロアチア共和国の港町プーラにある古代ローマの円形劇場（コロッセオ）に住む野良猫。愛想よく遊んでくれました（下）。

を片っ端から捕獲して、去勢・不妊手術を施せば、一地域から野良猫を駆逐するのに一〇年もあれば充分です。

野良猫の有無と消滅は以下の仮説で説明できると考えています。野良猫のいる社会といない社会の間には家族形態と介護形態の相違が作用しており、また、英独での野良猫の消滅過程には、帝国主義経験の「植民地後（post colonial）」の変形である「動物愛護」の思想・運動・政策が作用しているという仮説です。これを検証するために、いま、わたしは大規模な共同研究を展開しようともくろんでいるところです。

近年、東京大学本郷キャンパス周辺の住宅地でも地域住民と行政の協同で、野良猫を捕獲し、去勢・不妊手術を施すTNR（あるいは「さくらねこ」）の運動が進み、野良猫はほぼ消滅しました。本郷キャンパスでは、かつてほどではありませんが、かろうじて、野良猫の世代交代は維持され、いまも、夜中に塀を乗り越えて街中に繰り出す勇姿を目にします。

住宅地ではないが、公園の野良猫を「美化」しようとする運動のポスター。松山市道後公園。

人と社会を映し出す鏡

近年の都市部の「猫」問題は、独居高齢者が過剰な餌遣りをして、野良猫が殖えすぎているところに一因があるとわたしは考えていますが、それは、野良猫といえども、社会の産物であることを物語っています。独居高齢者の増加と猫餌の相対価格の低下が野良猫の増殖条件となっているのではないでしょうか。増えすぎれば人の受忍限度を超えて、野良猫を管理し、撲滅しようとする発想が生まれるでしょう。野良猫は人と社会を映し出す鏡なのですが、では、その生殖を人為で統御することを完全に正当化しうるでしょうか。

猫は家畜化されてからのほとんどの期間を、野良猫として存在してきました。野良猫という存在形態を完全に消滅させてしまうことが、猫にとっても、人にとっても何を意味するのか、真剣に考えるべきときが来ているように思います。

長崎市は野良猫が多い。高齢者も多い。首輪をした隻眼の半野良もいる。唐人屋敷跡から東山手に抜ける細道の途中の猫広場の四匹（上）。

イタリア・トリエステ郊外の競馬場下の「猫小屋」。五匹いる。この辺りも高齢者が多い（下）。

猫と考古学

遺跡が伝える新石器時代の人猫交流

飼いネコの始まり

西秋 良宏

二〇〇四年、キプロスで「最古の飼いネコの墓」が発見されました。

発見者と共同研究をしていた縁でその墓を本郷の博物館で紹介した西秋先生に、飼いネコの起源について、考古学の見地から解説していただきました。最新の調査では中国でも興味深い発見があったようです。

もう一〇年以上も前のことになるが、総合研究博物館で西アジア考古学の展覧会を担当した。テーマにしたのは、一万年ほど前の新石器時代、農耕牧畜生活が始まった経緯と顛末である。農耕牧畜の開始は現代文明の大きな基礎を作ったといっていい。この変革がなかったら今の私たちの食生活はないし、都市が享受する経済や社会の仕組みができたかどうかも疑わしい。その研究は私の専門でもあるから、成果の一部を公開する展示であった。

最古の飼いネコのお墓を発掘

当時の人々は、まず穀物やマメ類の栽培化に成功し、間もなく、ヒツジやヤギなどの家畜化も達成した。本書の主役、ネコも当時、飼い慣らされた動物の一員だったらしい。

ネコの骨は考古学遺跡でなかなか見つからないのだが、二〇〇四年、キプロスでフランスの研究者たちが興味深い発見をした。三〇歳くらいの男性とネコが一緒に埋葬されたお墓を発掘したのである。約九五〇〇年前のものである。それまで、ネコが飼い慣らされた最古の証拠は四〇〇〇年前頃の古代エジプトの図像表現とされていたから、段違いに古い。元来、ネコはキプロス島にはいなかった。したがって、海を渡ってつれていかれたことは確実である。男性の足下に埋められていたこともあって、飼いネコではなかったかと考えられるというわけである。

現在、各地で飼われているネコの遺伝的な祖先は、西アジア起源のリビアヤマネコとされている。お墓の発見はヒトとネコのつきあいのルーツが西アジアにあることを考古学的にも裏付けたとしてたいへんもてはやされたものである。発見者が私たちの共同研究者であった縁で、「最古の飼いネコ」の墓の樹脂型どりを展示に出品してもらった（図1）。

まだまだ続く起源の探訪

さて、これで一段落かと思っていたのだが、最近になって新たな発表があった。

中国の研究者たちが中国内陸部でも独自の飼い馴らしがあったというのである。約五五〇〇年前の遺跡の話であるから時代は新しいが、その発見によれば、西アジアとは異なる種（ベンガルヤマネコ）が初期農村に住みついていたという。

遺伝学では現代の飼いネコは一種とされている。だとすれば、いろんな解釈が可能

西秋 良宏 文

総合研究博物館教授・館長

専門は先史考古学。日本西アジア考古学会長。著書に『アフリカからアジアへ――現生人類はどう拡散したか』（編著、朝日新聞出版、二〇二〇年）ほか。

になる。このヤマネコはムラに住みついてはいたが飼いネコにはならなかったのかも知れないし、飼いネコになっていたとしても、その後、西アジアから拡がったネコに置き換わったのかも知れない。あるいは遺伝学の見解を見直す必要があるのだろうか。飼いネコの起源は西アジアにあるという点では異論も少ないが、現在の状態は歴史の産物でしかない。そこにいたるいきさつの研究はまだまだ続きそうである。

ただ、いずれにしても飼いネコが現れたのは新石器時代であったとみる意見にかわりはない。食料生産にもとづく新しい社会は人々と動物とのかかわりを大きく変えた、ネコとのつきあいもその一部だったという見方はなお有力であろう。

ところで、ネコといえばネズミである。ネズミの骨は人々が一万五〇〇〇年前ごろ定住を本格化させて以降、ひんぱんに考古学遺跡から見つかるようになる。栽培が始まり穀物を屋内に蓄えるようになると、ネズミは人々にとってやっかいな存在になったに違いない。

実際、この時代になるとネズミの偶像も作られるようになる。ネコは当時からネズミ対策に一役かっていたのだろうとの想像もこめて、先述の展覧会ではネコのお墓に添えてネズミの骨偶を展示した（図２）。

図1

図2

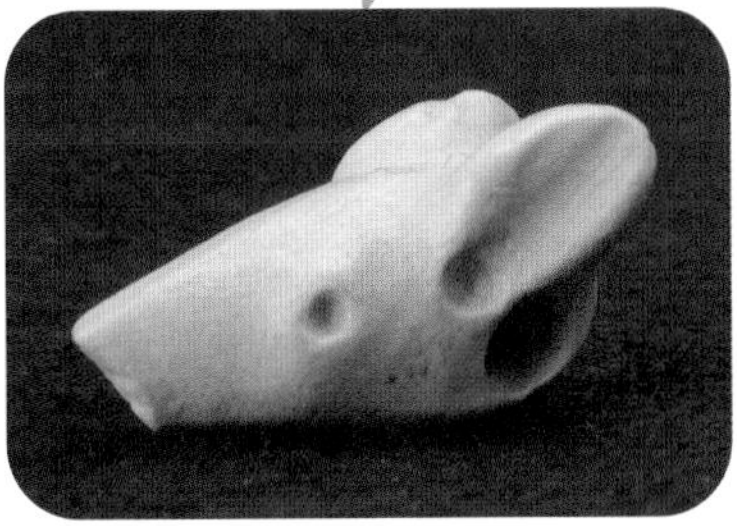

展示された、キプロス、シロロカンボス遺跡で見つかったネコの墓の型どり（上）。

シリア、エルコウム遺跡で見つかった新石器時代のネズミ骨偶（レプリカ）（右）。

東京大学総合研究博物館が二〇〇七年に開催した展覧会の本。西秋良宏編『遺丘と女神――メソポタミア原始農村の黎明』（東京大学出版会、二〇〇八年）。内容はこちらで読むことができます。

http://umdb.um.u-tokyo.ac.jp/DKankoub/Publish_db/2007moundsAndGoodesses/

猫と教育プログラム

猫と人のよりよい関係を 東大生が三か月考えてみたら

真船 文隆

東大の教養学部と広告会社の博報堂が共同運営している「ブランドデザインスタジオ」は、一・二年生が他者とのやりとりを通して、正解の見えない課題の解決に取り組む共創型の教育プログラム。

猫をテーマにした回を例に、駒場の新しい名物授業の姿をお届けします。


ブランドデザインスタジオは、教養学部が博報堂との協働で二〇一一年度から続けている教育プログラムです。

学生がグループを組んで一つのテーマと三か月間向き合い、アイデアを創出するというもので、スローガンは「正解のない問いに、共に挑む。」。広告制作の現場で使われるメソッドを活用しながら、一人で学ぶのが得意な東大生たちが、グループワークの実際を学びます。

〝猫〟をブランドデザインする

これまでに、井の頭線、東日本大震災のガレキ、新しい二月一四日、東京タワー、未来の新聞、恋愛……と多彩なテーマで実施してきましたが、二〇一六年度の夏学期に選ばれたのは、「〝猫〟をブランドデザインする」でした。

「テーマは、文・理や性別や年齢を問わず様々なバックグラウンドの人が興味を持

正解のない問いに、共に挑む。
東京大学 × 博報堂 ブランドデザインスタジオ
bd
「猫」をブランドデザインする。

「"猫"をブランドデザインする」の回のポスター。

真船 文隆

総合文化研究科教授

専門は物理化学（多元素ナノ物質の設計と解析）。著書に『物理化学』（共著、化学同人、二〇一六年）、『反応速度論』（共著、裳華房、二〇一七年）ほか。

てるものを選んでいます。当時、猫の飼育頭数が犬を上回ったことが取り沙汰されるなど、猫が何かと話題になっており、これだと思いました」と語るのはコーディネーターを務める真船先生。

重視するのは生活者の目線です。東大生は三~四人ずつに組分けされますが、知り合いと同じ組にならないよう配慮され、さらに東京藝術大学の学生と社会人も加わるのが特徴。属性が異なる他人との協働でコミュニケーション力は自ずと鍛えられます。無断欠席者は参加資格喪失、他人の発言を否定しない、カンニング推奨など、いくつかの独自原則は社会で必要な基礎スキルに直結します。

真剣にかつ楽しく取り組む

今回、学生たちが具体的に求められたのは、「猫と人のよりよい関係を築く」ための提案でした。

四月に犬を例題にワークショップの基本を学んだ後は、「地域猫」の発案者である神奈川福祉保健センターの黒澤泰さん、駒場いぬねこ研究室の出身で現在は上智大学の齋藤慈子先生を講師に招き、お話を拝聴。以降は各グループが必要と考えた取材、デスクワークを行って猫の情報を収集しながら、提案内容を議論し、人に伝えるためのやり方を検討しました。

実態把握、コンセプト構築、アウトプット(アイデア発想)の準備という三ステッ

ブランドデザインスタジオ

[過去のテーマ]

二〇一一年
井の頭線の未来/おやつの未来/学びの未来

二〇一二年
三・一一ガレキ/一〇年後のスマートな暮らし/新しい二月一四日

二〇一三年
東京タワーのリブランディング/新しい「劇場」/新しい「眠気覚まし」

二〇一四年
未来の「新聞」/東京オリンピック

二〇一五年(*)
「恋愛」のブランド/「渋谷土産」を創る

二〇一六年
〝猫〟をブランドデザインする/未来の買い物

二〇一七年
新しい朝ごはん/〝散歩〟をブランドデザインする

忍者のように身軽な猫と幼児がフィールドアスレチックで遊び回る「ニャンジャの森」。

学生のプレゼン資料より「CreP-cat」が目指したのはオフィスでもホームでもない第3のアトリエ。

二〇一八年
五感ブランディング入門：『手ざわり』からブランドを創る

（＊）
二〇一五年度「『渋谷土産』を創る」の回では、駅前のスクランブル交差点で事故が長く起きていないことに注目したチームが、安全祈願のお守りを土産にする企画を提案。その後、実際に「渋谷御守」という商品となり、駒場祭、渋谷区くみんの広場などで販売されました。

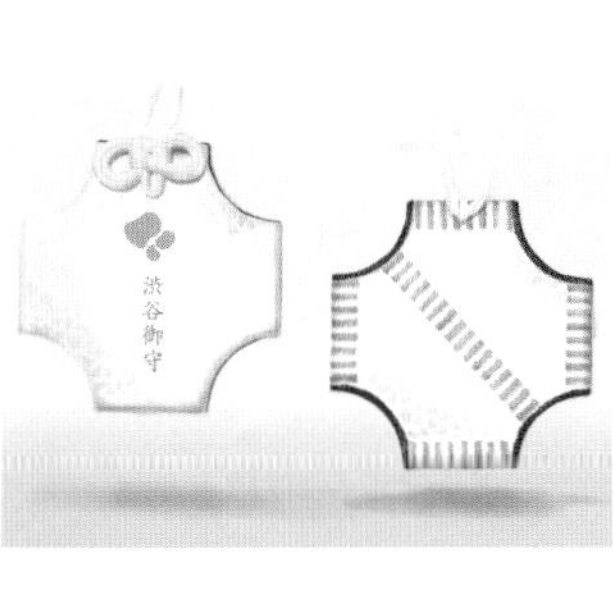

プを経て、最後に成果発表を行ったのが七月のこと。

「ただ、授業としては発表の前で終わり、発表自体は課外活動という位置づけでした。この授業では、提案そのものというより、提案に至る過程が重要だからです」と真船先生。

「私の猫から私たちの猫へ」という発想で同じ猫を共飼いする「にゃんルーム」、猫の活動性に着目し外遊びが減った幼児と猫がキャンプ場で触れあう「ニャンジャの森」、猫の殺処分減と高齢者の孤独解消をつなげた「孫猫プロジェクト」、猫といると脳が活性化するという研究を礎にした職場とカフェの融合空間「CreP-cat」、猫も人も癒される避難スペース「ネコンテナ」。発表された提案と題名からは、各チームが真剣にかつ楽しく取り組んだ跡がうかがえます。

過程を重視する授業ですが、過去には提案が商品化されるという展開もあったとか。この回でも、あるグループが活動中に得た縁から、その名も「猫町アートスペース」という谷中の古民家ギャラリーで派生企画展が実現。猫と人のよりよい関係は、確かに築かれた模様です。

授業では、KJ法、ブレスト、シャドーイング、イメージソートなど、広告制作の現場の様々な手法が活用されています。

猫好き研究者夫妻に聞く「猫と日本史」

日本史研究界きっての猫好き夫妻へのインタビュー対談がついに実現！

研究の拠点的機関として主導的役割を果たしてきた東京大学史料編纂所に所属するお二人に、「猫と日本史」について語って頂きました。

収録場所は、本郷キャンパスにほど近い喫茶店。店内では、猫の「ぎんちゃん」が優しく見守ってくれました。

アルト

いま一緒に暮らしている猫について教えて下さい。

本郷恵子（以下、恵子）　名前は「ニャースながと」。保護猫の譲渡会で出会いました。

本郷和人（以下、和人）　僕らが住んでいる自治体が初めて開いた譲渡会に、二人で行きました。二〇匹ぐらいいたかなぁ。そのなかで一匹だけ、僕ら以外に引き取り手は現れないのではないかと思わせる黒猫がいました。前に出てくるといったアピールを全くしなかった。

恵子　おとなしい猫でしたね。

和人　そこで我々が引き取ろうと。実は彼女、黒猫に引っ掛かりがあって……。

恵子　以前、一緒に暮らしていた黒猫「アルト」は、あと何日かで一七歳というときに、行方不明になってしまいました。

和人　「アルト」の最後を看取ることが出来ていれば、違う猫を引き取っていたかもしれません。

猫の名前が独特ですね。

和人　彼女が「ニャースながと」と名付けました。

恵子　夫と息子の名前に合わせて、「と」がつく名前がいいなと思って。

和人　もともと国の名前で考えていました。「長門国」は「と」がつくし、ちょうどいいかなと。

恵子　もしも、二匹もらっていたら、「越前」と「筑前」と名付けるつもりでした。

本郷 恵子
史料編纂所教授

本郷 和人
史料編纂所教授

和やかにすすむ「猫と日本史」をめぐるインタビュー対談

専門は日本中世史。著書に『中世朝廷訴訟の研究』（東京大学出版会、一九九五年）、『戦いの日本史――武士の時代を読み直す』（角川選書、二〇一二年）、『承久の乱――日本史のターニングポイント』（文春新書、二〇一九年）ほか。

ニャースながと

「おまえも悪よのぉ〜」って言ってみたかったです（笑）。

愛猫「アルト」くんとの思い出の写真です。

恵子　出会いは一九九九年。人間との付き合い方が豊かな猫でしたね。動物に慣れていない人の膝の上にわざと乗ってみたり（笑）。ご近所でも、可愛がられていました。

和人　この写真は『人物を読む　日本中世史——頼朝から信長へ』（講談社選書メチエ、二〇〇六年）に掲載する著者近影として、彼女が撮影してくれました。

恵子　若いわよね〜。

和人　そんなに変わった？

恵子　そりゃ、違うわよ〜（笑）。

「猫と日本史」と言えば、宇多天皇の日記が人気を集めています。

恵子　寛平元（八八九）年の記事ですが、猫について、日記の中であんなに詳しく書いたものは他にないでしょう。父である光孝天皇に大宰府の役人から献上された黒猫で、それを宇多天皇がもらい受けます。「普通の猫は黒いと言っても、浅黒い程度。しかし、私の猫は黒さが違う、非常に深い黒味がある」と褒めるんですね。

　猫の生態もよく観察しています。目がきらきら輝いているとか、足も尾も見えなくなるくらい、団子のように丸くなるとか。おざなりに家来に世話をさせていたのではなくて、本当に親しんで、可愛がっていたことが伝わる記述です。

『人物を読む　日本中世史——頼朝から信長へ』（講談社選書メチエ、二〇〇六年）。

アルトと本郷和人先生

『源氏物語』の注釈書に引用された宇多天皇の愛猫

恵子　一〇巻ほどあったと言われる宇多天皇の日記ですが、実は散逸しているため、様々な文献で引用されている断片的な記事を集めて、史料として使っています。

猫のことを書いた部分は、貞治年間（一三六二〜六八年）に成立した『河海抄』という『源氏物語』の注釈書のなかに出てきます。『源氏物語』の若菜の巻は、光源氏の妻である女三宮と、柏木と呼ばれる若者が不倫の関係を結ぶ顛末を描いていますが、物語の流れにおいて猫が大きな役割を果たしています。「内裏（うち）の御ねこ」という天皇が飼っていた猫が登場しまして、その注釈として、「天皇の猫といえば、宇多天皇のこういう日記があります」と『河海抄』が書き写しておいてくれたおかげで、現代の私たちが知ることができるというわけです。

一〇〇〇年ごろ成立の『源氏物語』を通じて、その一〇〇年ほど前の宇多天皇の日記と、一四世紀後半の『河海抄』が繋がるんです。

「命婦のおとど」と「翁丸」

恵子　座談会でも話しましたが、『源氏物語』と同時代の随筆である『枕草子』には、一条天皇が可愛がった猫「命婦のおとど」が登場します。一条天皇は「命婦のおとど」に、馬命婦（うまのみょうぶ）という乳母をつけて世話させます。馬命婦がちょっと脅すつもりで、「命婦のおとど」に犬の「翁丸」をけしかけたところ、大騒ぎになってしまう。「翁丸」は、大事な猫をいじめたということで、散々こらしめられて、追い出されます。一方、猫の方は「かわいそうに」と、天皇が懐に入れて慰める。猫と犬の扱われ方の違いが大きく表れています。

「命婦のおとど」が生まれた時のことが、『小右記』という貴族の日記に記されているので、平安時代の特定の猫の存在や活動を、文学作品と歴史史料の両面から検証できる貴重な例ですね。さらに、宮中で大事にされる猫のイメージを、紫式部が物語の中にとりこみ、ふくらませたのでしょう。

和人 猫はどんなに野生化しても、ヒトの命を奪うことはない。でも、犬は噛み殺すぐらいの力はある。だから、逆に武士は、犬追物をやりました。武士は、馬に乗ることと弓の扱いが巧みでないといけない。その両方を訓練できるのが犬追物です。

恵子 猫も物理的な力では、人の命を奪うことはできないでしょうが、「猫は何を考えているか分からない」という恐れから、「猫又」のような妖怪として語られます。

猫を国際的に考えてみる

和人 日本に限らず、少し話を世界に広げて、猫を考えてみましょう。世界的な視野っていうと、すぐヨーロッパを取り上げることで、世界を語っていることにする日本人の悪い癖なんだけど。

ある有名な女性雑誌で、一年に一回かな、猫の特集を組んで、表紙に猫の写真を掲載するものがありました。評判も良くて、よく売れたんですね。でも、最近になって止めてしまったんです。どうしてだと思います？その女性雑誌は、ヨーロッパのハイ

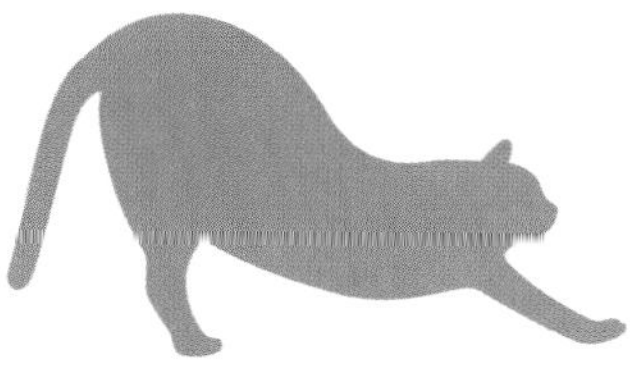

ブランドの広告料を大きな収入源としているのですが、「猫を表紙にするような雑誌に広告は載せない」と断られたからだそうです。

ヨーロッパでは、人間と動物に、はっきりと区別をつけます。プーさんはチョッキを必ず着ている。ミッキーマウスは服を着て、靴を必ず履いている。そのことによって、人間扱いしているんです。キリスト教的に言えば、神様の姿に似せたかたちで人間を創って、人間の家畜として動物を創ったわけだから、その感覚が今でも残っている。日本人にはない感覚。面白いですよね。

江戸時代の「猫絵の殿様」

恵子　日本史に話を戻しましょう。江戸時代の猫と言えば？

和人　「猫絵の殿様」。徳川家康は新田義貞の子孫を名乗ろうと、新田の正統な後継者である岩松家に「家系図を見せろ」と言いました。岩松さんは「ここで見せたら取られる」と思って、断った。そうしたら家康は岩松さんにたったの一二〇石を与え、お金のかかる大名行列をやらせた。ただの意地悪です。それで、お金のない岩松さんは仕方なく、猫の絵を描いて収入を得ていました。

恵子　岩松家の猫絵は、養蚕農家などで、蚕を鼠から守るための御守やお札として用いられていました。殿様が描いたということで有難みもあったようです。江戸時代の猫は、鼠をとってくれる良い動物。猫もそういう意味では役に立ちますね。

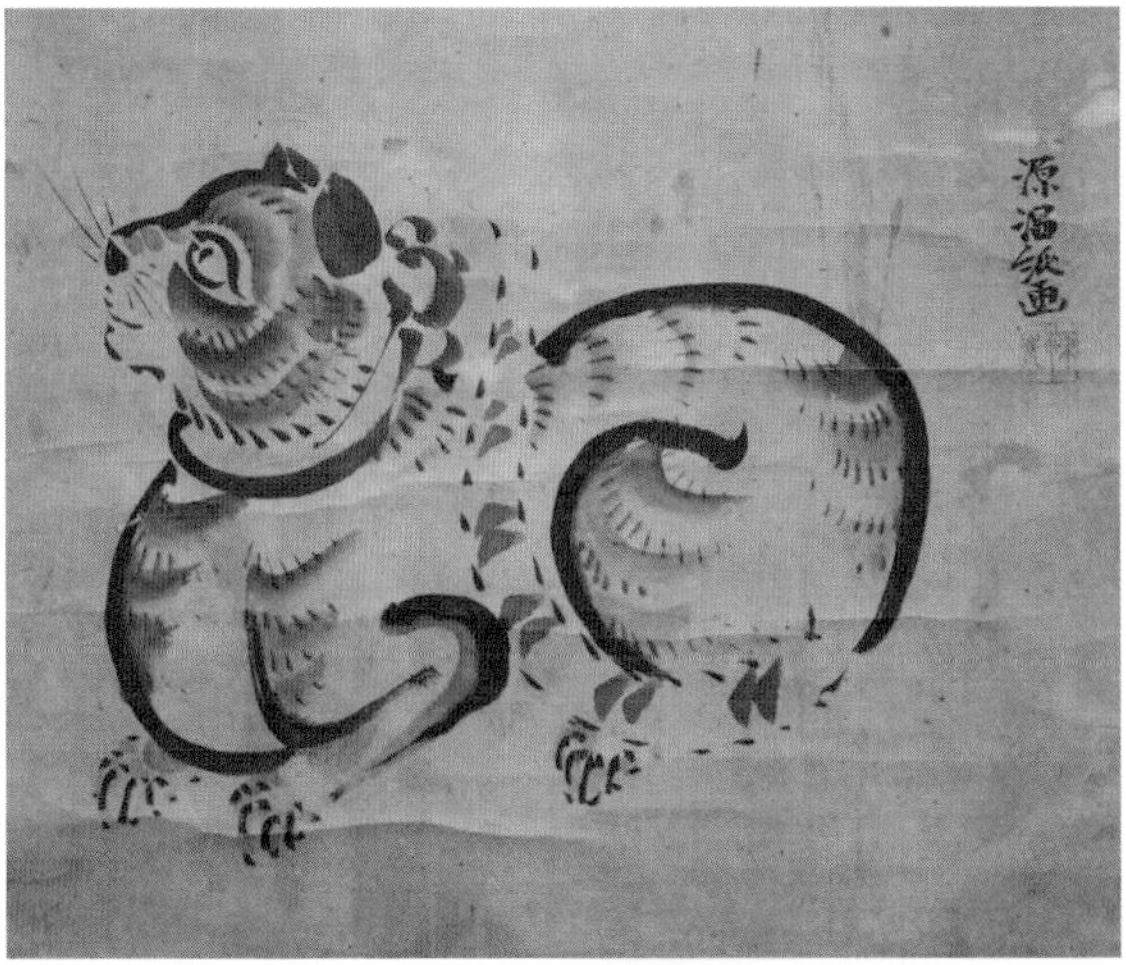

岩松義寄（温純）

岩松徳純

『新田猫絵』（太田市立新田荘歴史資料館提供）。

岩松道純

岩松俊純

撮影協力／NIKKI Café

本郷三丁目交差点からほど近く、アクセスに優れた喫茶店。ときどき、猫の「ぎんちゃん」に会うことができます。ドイツ発祥の焼き菓子「プレッツェル」が名物で、美味しいカレーも人気を集めています。

文京区本郷四の一の五（本郷通り沿い）

電話：〇三（六八〇一）六一〇五

猫×東大トピックス

東京大学と猫の間には、まだまだ親密で懇ろな関係があります！

駒場キャンパスにて。

東大出身作家が書いたシャム猫が主人公の恋愛小説

坂本 葵
作家

舞台は井の頭公園や駒場を含む吉祥寺周辺。登場するのは貴族のような猫たち。池で小動物に競争させて賭けに興じ、鴉に籠を運ばせて優雅に空中を飛び、侯爵邸で園遊会……。そんな世界で描かれるのは、美貌&だみ声の牡猫と、気位の高い未亡人の義姉猫、盲目の令嬢白猫による「危険な関係」。

二〇一四年に、『吉祥寺の百日恋』でデビューを飾ったのは、人文社会系研究科の卒業生の坂本葵さん。二〇一九年四月には、文化資源学で博士号を取得しました。人間たちが普段やっていることを猫にやらせてみることで、もう一度、人間を別の視点で見直すことができるのではないかという意図で執筆しました。「そこが伝わってくれると嬉しい。人間的な世界と猫的な世界が交錯している世界です」。

二〇一八年二月には、猫派のための浮世絵解説書『猫の浮世絵』（全四巻）も発表（Kindle）しました。

『吉祥寺の百日恋』（新潮社、2014 年）。

『猫の浮世絵 「江戸の猫ぐらし」の巻』（アドレナライズ、2018 年）。

猫に関する浮世絵を網羅したシリーズで、『江戸の猫ぐらし』の巻は、江戸時代の人々の暮らしのなかに、いかに猫が溶け込んでいるかということがとてもよくわかる一冊です。「現代の私たちにとっても、親近感を抱ける内容ですので、気楽に楽しんでもらえたら」。猫好きなら検索しない手はありません。

「猫って、人間と自然のちょうど中間的な存在だと思います。猫は明日から人類がいなくなっても平気そうですが、そういった猫のしたたかさ、人間にこれほど依存しているのに、いざとなったら、『いなくなっても平気よ』という適度な距離感がすごく気に入っています」。

坂本さんの My Cat

坂本さんの家の庭に時々遊びに来る野良猫の「ギンちゃん」。茂みの間からチラリ。

猫のイラストが目印の UTokyo ハラール認証チョコ

東京大学コミュニケーションセンターで販売中の「ハナーンチョコレート」は東洋文化研究所・後藤絵美先生の研究を機に生まれたハラール認証マーク入りのチョコ。ハラール認証は、イスラム教徒の消費者に安心を提供するための仕組みですが、最近、認証基準が厳しくなり過ぎて、むしろ不安をあおる要因になっているとか。「ハナーン」はアラビア語で「思いやり、優しさ」。チョコを発端に、認証以外に、誰もが安心して食卓を囲めるようにする工夫がないか考えてみようと呼びかけます。おかべてつろうさんのかわいい猫イラストが目印です。

先端研所属のアーティストによる猫絵本『ぼくのにゃんた』

小さな頃から「ぼく」のそばにいる「にゃんた」は、「バニャニャ」「キャッツカレー」「ビスキャット」「ネッコレス」「ニャンバランスのスニーカー」「すにゃ」と変幻自在の不思議な猫。でも、あるとき姿が見えなくなって……。

絶妙な駄洒落を畳み掛けて知的な絵本に仕上げた作者は、先端科学技術研究センター中邑賢龍研究室の客員研究員を務める気鋭の現代アーティスト・鈴木康広さん。絵本を描き始めたきっかけを、「僕の制作に猫が入り込んできました」と語ります。「猫はいるようでいない、そして、いないようでいる『気配』の動物です」。猫は亡骸を見せないけれど、だからこそ「永遠にそこにいるんじゃないか、ふらっと出てくるんじゃないか」と思わせる、猫らしい「存在感」があります。

鈴木 康広
先端科学技術研究センター
中邑賢龍研究室 客員研究員
(photo：Masako Nakagawa)

バニャニャ

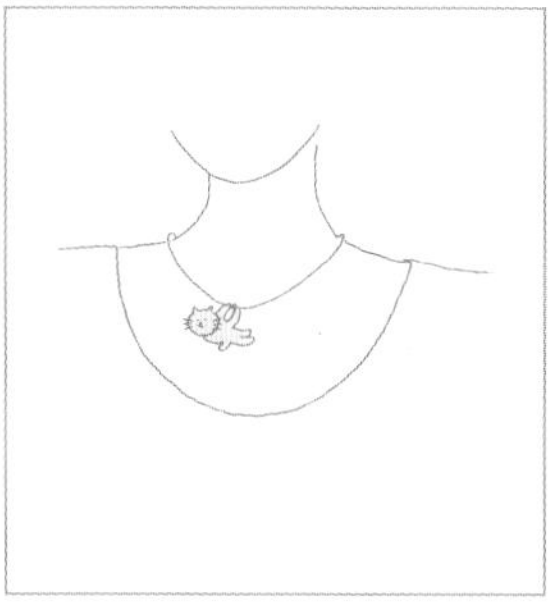

ネッコレス

鈴木康広『ぼくのにゃんた』（ブロンズ新社、二〇一六年）。

「にゃんた」の姿は、「にゃべ」や「まにゃいた」として、人々の暮らしのなかに現れます。「猫を通して日常のなかに生まれる響きのなかに、思いがけないつながりがあって、それが僕らを笑わせてくれる。とても喜ばしいことです」。非猫派にもお薦めの、にゃんども読みたくなるニャイスな一冊です。

「にゃんた」は、鈴木さんの故郷・浜松市で毎年開かれている展覧会でも、人気を集めました。テーブルに、大量の白いカードが並べられており、その両面には「にゃんた」が描かれています。片面には「ヘルネッコ」という「言葉」、もう片面では「ヘルネッコ」の可愛らしい「絵」が描かれています。「『ヘルネッコ』という言葉を見ると、「何だろう?」と思って、ひっくり返す。すると、笑みがこぼれる」。

来場者はカードをひっくり返した後、次の人のために、きちんと元に戻し、整えてくれるそうです。猫という存在が日常にもたらしてくれる幸福を大切に思う人は、きっとたくさんいるのではないでしょうか。

鈴木さんの My Dog

小学生の頃に公園で拾った雑種犬「ジョン」。特技は鼻先でごはんを一粒一粒集めることでした。

明治新聞雑誌文庫の猫画像資料

法学政治学研究科附属近代日本法政史料センター明治新聞雑誌文庫の資料にも多くの猫が住んでいます。

赤い絞りが可愛い三毛は雑誌『團團珍聞』掲載の風刺画「猫の変り目」。良く見ると瞳のなかに政治家たちの名前が描かれており、明治二五年第二回総選挙の混乱で大臣が次々辞任したことを風刺しています。

「猫の変り目」（『團團珍聞』第八六七号、明治二五年七月）。

赤と黒が洒落たデザインの黒猫は、実は年賀状。明治文庫創立者の一人、宮武外骨が蒐集、編集した絵葉書帖の一冊「猫」に収録されています。

「黒猫元旦」（宮武外骨絵葉書帖「猫」）。

明治・大正期の雑誌『風俗画報』の口絵。鮮やかな着物のお嬢さんにぎゅっとされた子猫は満足かニャン？

「処女猫児を愛撫するの図」（『風俗画報』第一七六号、明治三一年一一月）。

「シュレディンガーの猫」のメンバーカードがもらえる光量子コンピューター研究支援基金

「シュレディンガーの猫」は量子の「重ね合わせ」という不思議な特性の説明に使われる思考実験。五〇パーセントの確率で毒ガスが出る箱に入れた猫は箱を開けるまで生と死が重なり合う状態にあり、ふたを開けて確認した瞬間、どちらかに収束すると考えられます。さらに量子には「もつれ」という不思議な特性があり、もつれ状態にある量子どうしでは瞬時に情報が伝わる「テレポーテーション」ができます。

古澤明先生は、光の量子を使って、世界で初めて「条件なしの完全な量子テレポーテーション」に成功し、「光量子コンピューター」の実現に大きく前進しました。量子コンピューターといえば、スパコンよりも高速で処理ができることが強調されがちですが、実はかなりの省エネが実現でき、環境保護にも大いに貢献します。現在、世界の電力消費の三分の一がコンピューターなどＩＴ関連と言われています。「すでに地球は限界を超えているといっても過言ではありません。地球を救うために研究しています」と古澤先生。

社会に大きな変革をもたらすこの研究は、東京大学基金の「光量子コンピューター研究支援基金」を通じて多くの皆様に支えられています。同基金のファンドレイザー

古澤 明
工学系研究科教授

専門は、量子光学および量子情報科学。著書に『量子もつれとは何か――「不確定性原理」と複数の量子を扱う量子力学』（講談社ブルーバックス、二〇一一年）、『「シュレーディンガーの猫」のパラドックスが解けた！――生きていて死んでいる状態をつくる』（講談社ブルーバックス、二〇一二年）、『光の量子コンピューター』（集英社インターナショナル新書、二〇一九年）ほか。

の井上さんは「研究はゴールがなかなか見えない『ウルトラ・マラソン』です。沿道で常に応援してくださっているのが寄付者の皆様。月々の継続的な支援が心強いです」と寄付のありがたさを熱く語ります。

実験機

東京大学基金　検索

井上 清治
光量子コンピューター研究支援基金ファンドレイザー

寄付は主に古澤先生に続くであろう優秀な学生さんの留学費用等に充てられており、「革新的なことをやるには、外国で武者修行を積み、多種多様な人々との化学反応が大切」と古澤先生。「学生の育成に使うことができる寄付は大変ありがたく重宝しています」。

古澤明先生の研究を継続的に支援すると、「シュレディンガーの猫」をヒントにした可愛い猫のイラストが描かれたメンバーカードが贈られます。カードは二種類。寝ている猫と起きている猫の『重ね合わせ』状態です。あなたが受け取るのはどちらの猫？　開封する瞬間、ドキドキ、ワクワクです！

メンバーカード（寝ている猫）

メンバーカード（起きている猫）

井上さんの
My Cat

譲渡会で見て、のんびりしてそうだから「のんちゃん」と娘さんが命名しました。

『猫号』制作後記

『淡青《たんせい》』は、東京大学広報室が丹精をこめて年に二回発行している広報誌です。創刊は一九九九年。淡青（ライトブルー）は、一九二〇年に行った京都大学との対校レガッタの際に抽選で決まった、東京大学のスクールカラーです。号ごとに決める特集テーマに沿って、全学の教育・研究活動を紹介しています。

五神真第三〇代総長は、二〇二〇年度に至る任期中の行動指針として、「東京大学ビジョン２０２０」を二〇一五年一〇月に発表。広報戦略本部は同ビジョンに沿うかたちで「東京大学広報戦略２０２０」をまとめ、ホームページをリニューアルして総合ニュースサイト「UTokyo FOCUS」を開始。「志ある卓越。」というキャッチコピーも選定しました。また、当時の広報戦略企画室副室長の横山広美教授（カブリ数物連携宇宙研究機構）が、広報活動の現状を分析する中で、見る範囲の狭いミクロ型広報と大きな視野を持つマクロ型広報の違いに言及。「ミクロ型広報は大学が大学の都合で発信することで、マクロ型広報は社会が欲するものを大学から選んで発信すること。そう自分なりに解釈して考えたのが『猫号』です」と高井さんは語ります。

日本の猫の飼育頭数が犬を上回ったという報道をきっかけに、『猫号』発刊に向けて、検討を開始。当時の広報室長の須田礼仁先生（情報理工学系研究科教授）が猫好きだったという縁もあり、『猫号』の制作はスタートを切りました。

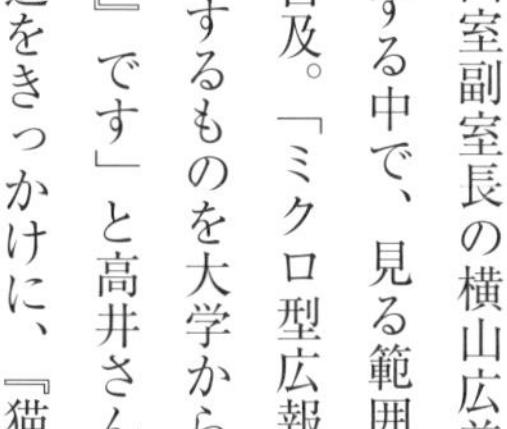

高井 次郎
東京大学広報課

取材を通じて、新たな縁も生まれました。「表紙の撮影地にたまたま居合わせた永井久美子先生（総合文化研究科准教授）が駒猫の写真を提供してくれたり、本郷のカフェの方から問い合わせを受けたことも。猫がつながりを作ってくれたのが嬉しいです」。

発刊後の反響も大きく、「特に宮崎徹先生（医学系研究科教授）の猫の寿命に関する記事（本書四二頁）については、『是非治験に参加したい』と切実な事情を抱えた飼い主の方から、いまも問い合わせがあります」。

卒業生のあいだでも話題になり、ＳＮＳを賑わせた『猫号』。時局に鑑みて、東京大学が東京大学らしく、猫の世界を掘り下げた大特集は、新たな「志ある卓越。」を発信したのかもしれません。

『猫号』（『淡青』2018 年 9 月号）

ポメラニアンの「プク」。帽子を被って、おすまし。

おわりに

木下 正高

とうとう、こんなことになってしまった。広報室が本を出すのだ。いや出すのは出版社だが、企画を担当理事に説明・説得したのは広報室長の私だ。しかし本当に出るとは。

広報課の専門職の企画がベースとなるものだし、中身も古文書から遺伝子まで東大教員による活動の成果である。それは堂々自慢できる。実は研究の本質も垣間見えると信じている。「ネコとかそんなことに道草を食って研究はどうしたのだ」という印象はお持ちにならないであろう。しかし、東大の広告塔である広報室がこんなことをして「せっかくの企画と中身が台無しだ」と思われたらどうしようか。

私はネコ音痴である。飼ったこともない。それでも、この企画（もともとは東大の広報誌『淡青』に掲載）を一目見て「面白い」と思った。

この本は、東大の先生の面白さを伝えるアウトリーチの一つである。以前東大附属図書館と某出版社の企画で「研究者にとって本は必要か」という話をしたら、出版社の人にはインパクトがあったようで、別の場所で再度話をする羽目になった。理系の研究者にとっては「査読付き論文」が研究者としての価値を決めるほぼすべてである。本は、自分の業績というよりは、アウトリーチ・教育・啓蒙、といった役目を持つと考えていて（実際そうである）、大部分の現役研究者にとっては「必要性は分かるがその暇がない」というのが実情ではないだろうか。もしそうであれば、広報として先生方にご執筆いただくことで、研究の現場を若干でも開示できるかもと期待している。身近な話題から現象の本質に迫ることは、寺田寅彦先生やR・ファインマン先生による名著を参照されたい（物理ばかりですみません）。恐れ多いことであるが、この本もその辺を狙ったという気持ちが少しだけある。

私の専門は、巨大地震の仕組みを理解することを目指し、調査船や潜水船・掘削船で観測を行うことである。海底下は見えないため、データから現場の状況を想像することが大切である。語りかけてくるのが鳴き声ではなく密度とか速度、という違いで、ネコとのコミュニケーションと似たところがあるかもしれない。どちらが難しいかは分からないが。

本書の出版にあたり、ミネルヴァ書房の水野安奈氏には企画の段階から大変お世話になった。また広報課長の猪塚和彦氏、特任専門員の高井次郎氏をはじめとする広報課職員の皆さんには、『淡青』出版業務に続いて大いに助力いただいた。感謝いたします。あと東大のネコ様たちにも感謝。

木下 正高 文
地震研究所教授
東京大学広報室長

な 行

は 行

ま・や 行

ら・わ 行

索　引

欧　文

あ　行

か　行

さ　行

た　行

《編者紹介》

東京大学広報室（とうきょうだいがくこうほうしつ）

広報戦略本部の下に置かれた、東京大学の広報活動を実施する全学組織。総長が指名した教員が室長を務め、広報室長が指名した教職員が室員を務め、本部広報課が事務を担当する。『淡青』『学内広報』『東京大学の概要』といった冊子媒体、ホームページ（https://www.u-tokyo.ac.jp）や公式 SNS アカウント、各種イベントなどを通じて、研究・教育をはじめとする東京大学の多様な活動を学内外に発信している。

猫と東大。

——猫を愛し、猫に学ぶ——

2020年11月10日　初版第1刷発行　〈検印省略〉

定価はカバーに
表示しています

編　者　東京大学広報室
発行者　杉　田　啓　三
印刷者　坂　本　喜　杏

発行所　株式会社　ミネルヴァ書房
〒607-8494　京都市山科区日ノ岡堤谷町1
電話代表　(075) 581-5191
振替口座　01020-0-8076

冨山房インターナショナル・藤沢製本

ISBN 978-4-623-08931-4
Printed in Japan

東大×ミネルヴァ書房

夏目漱石——人間は電車ぢやありませんから

佐々木英昭（著）

四六判・410頁／本体3,500円（税別）

『吾輩は猫である』『坊ちゃん』『草枕』と近代日本文学に燦然と輝く軌跡を残し、「日本人の先生」とも称される夏目漱石。

書き残されたあらゆる文章と着実な証拠のみにもとづいて、漱石の思考内容とその推移を照らし、漱石その人の〈内的〉な部分を見通す。

辰野金吾——美術は建築に応用されざるべからず

河上眞理・清水重敦（著）

四六判・256頁／本体2,500円（税別）

建築界の礎を築き、東京駅や日本銀行本店など日本を代表する建築作品を設計したことで知られる辰野金吾。

ヨーロッパで学んだ〈美術建築〉という考え方をどう日本に根付かせようとしたのか。新たな資料を元にその足跡を丹念に辿りなおし、従来とは異なる辰野像を提示する。

穂積重遠——社会教育と社会事業とを両翼として

大村敦志（著）

四六判・376頁／本体3,500円（税別）

大正デモクラシー法学を代表する法学者として東宮大夫、最高裁判事を歴任した穂積重遠。

法を専門家の独占物とせず市民によって実現されるものと捉える法思想はいかにして生まれたのか。家族法学の開拓者の生涯に迫る。

東京大学ゆかりの人物の評伝も多数刊行されています。

ミネルヴァ書房

http://www.minervashobo.co.jp/